普通高等教育环境设计专业规划教材

风景园林绿地规划

盛 丽 —— 主编

罗 丹　林竹隐　杜凯伟　张志伟 —— 副主编

FENGJING YUANLIN
LÜDI GUIHUA

西南大学出版社
国家一级出版社 全国百佳图书出版单位

图书在版编目（CIP）数据

风景园林绿地规划 / 盛丽主编． -- 重庆：西南大学出版社，2025.7． -- ISBN 978-7-5697-3023-4

Ⅰ．TU986

中国国家版本馆CIP数据核字第2025QV1654号

普通高等教育环境设计专业规划教材

风景园林绿地规划

FENGJING YUANLIN LÜDI GUIHUA

主　编：盛　丽
副主编：罗　丹　林竹隐　杜凯伟　张志伟

总 策 划：龚明星
执行策划：袁　理
责任编辑：袁　理
责任校对：鲁妍妍
书籍设计：UFO_鲁明静　汤妮
排　　版：黄金红
出版发行：西南大学出版社（原西南师范大学出版社）
地　　址：重庆市北碚区天生路2号
邮　　编：400715
网上书店：https://xnsfdxcbs.tmall.com
印　　刷：重庆新金雅迪艺术印刷有限公司

成品尺寸：210 mm×285 mm　　印　张：13.25　　字　数：432千字
版　　次：2025年7月 第1版　　印　次：2025年7月 第1次印刷
书　　号：ISBN 978-7-5697-3023-4
定　　价：69.00元

本书如有印装质量问题，请与我社市场营销部联系更换。
市场营销部电话：（023）68868624　68253705

西南大学出版社美术分社欢迎赐稿。
美术分社电话：（023）68254657

前言

我国绿地系统规划是城乡环境的重要组成部分,随着新时代美丽中国建设与发展,绿地系统支撑着整个国土空间的生态格局、景观风貌、粮食安全和经济建设等。风景园林绿地规划具有系统性、科学性、边缘性、开放性、地域性和综合性等特点。

本教材编写落实"教育现代化"战略规划,以"立德树人"为出发点,贯彻绿色发展理念,注重生态伦理教育,激发学生主动践行生态城市和美丽乡村绿地规划建设的主动性。教材编写团队依据成果导向教育人才培养,结合丰富的教学实践经验,以"精理论、强实践、重生态、兴乡村、育思维,培养应用型现代化人才"为教材编写的核心指导思想。

本教材编写结合我国生态文明建设和乡村振兴战略发展思路,共分为八大模块。包括:风景园林绿地规划认知模块、风景园林绿地规划调研模块、风景园林绿地规划布局模块、城市园林绿地规划解析模块、乡村园林绿地规划解析模块、风景园林绿地规划重绘模块、城市风景园林绿地规划案例探索模块和乡村风景园林绿地规划案例探索模块。

本教材可以作为高等院校风景园林专业、园林专业、建筑学专业、城市规划专业、环境设计专业的教学用书,也可以作为相关设计行业的参考用书。

本教材具有以下特色:

1. 时代化:本教材建设紧跟时代发展,城市绿地规划以《城市绿地分类标准》CJJ/T85-2017新标准编写,更好地适应我国城乡发展宏观背景变化,满足城市更新中的绿地规划建设要求。乡村绿地规划以国家乡村振兴发展战略为背景,对农村绿地规划进行科学性、思想性引导,体现"多规合一"的国土空间规划指南。

2. 模块化:同类教材一般分总论和各论两大部分,以绿地规划的场地类型划分章节,理论体系庞大。本教材进行模块化教材内容重构,按"认知—调研—布局—解析—设计—探索"模块进行编写,每个模块设置模块简介、知识目标、能力目标、思政目标,符合学生学习规律,使学习循序渐进,由浅入深,重难点突出,理论为基础、实践为指导、社会为背景,注重能力培养和价值引领。

3.现代化：本教材秉承"教育现代化"基本思想，每个模块根据需要设置相关特色环节，主要包括【理论研究】环节，线上线下混合建设立体化教材，体现"融合发展"；【项目思政】环节，导入思政元素，体现"以德为先"；【实践探索】环节，包括任务的提出、分析、实践和评价，体现"知行合一"；【知识拓展】环节，注重培育创造性思维和批判性思维，体现"终身学习"。

本教材的编写工作由重庆人文科技学院风景园林专业盛丽担任主编，教研室教师合作编写，全书由盛丽统稿，编写分工如下：

前　言	盛　丽（重庆人文科技学院）
模块一：风景园林绿地规划认知	盛　丽（重庆人文科技学院）
模块二：风景园林绿地规划调研	林竹隐（重庆人文科技学院）
模块三：风景园林绿地规划布局	盛　丽（重庆人文科技学院）
模块四：城市园林绿地规划解析	盛　丽、杜凯伟（重庆人文科技学院）
模块五：乡村园林绿地规划解析	盛　丽、杜凯伟（重庆人文科技学院）
模块六：风景园林绿地规划重绘	盛　丽、张志伟（重庆人文科技学院）
模块七：城市风景园林绿地规划案例探索	罗　丹（复旦大学历史地理研究中心、重庆人文科技学院）
模块八：乡村风景园林绿地规划案例探索	罗　丹（复旦大学历史地理研究中心、重庆人文科技学院）

最后，衷心地感谢予以本书支持和帮助的老师、学生，家人及朋友们。

社会的发展瞬息万变，新时代风景园林绿地规划在不断地探索和发展之中，加之编者自身水平有限，编写的过程中难免出现一些错漏的地方，不足之处在所难免，敬请广大读者、专家学者批评指正！

盛丽

目录

1 模块一 风景园林绿地规划认知　　001
项目一　风景园林绿地的功能　　002
项目二　风景园林绿地分类及用地选择　　011
项目三　风景园林绿地规划原则　　015
项目四　风景园林绿地规划的内容与任务　　018

2 模块二 风景园林绿地规划调研　　021
项目一　风景园林绿地规划调研基础　　022
项目二　城市风景园林绿地规划调研　　023
项目三　乡村风景园林绿地规划调研　　027

3 模块三 风景园林绿地规划布局　　033
项目一　风景园林绿地规划布局基础　　034
项目二　城市风景园林绿地规划布局　　035
项目三　乡村风景园林绿地规划布局　　037

4 模块四 城市园林绿地规划解析　　041
项目一　城市道路绿地规划　　042
项目二　城市广场绿地规划　　054
项目三　城市居住区绿地规划　　060
项目四　单位附属绿地规划　　078
项目五　城市公园绿地规划　　089
项目六　风景区绿地规划　　105

5 模块五　乡村园林绿地规划解析　　113
项目一　乡村绿地规划概述　　114
项目二　村镇公园绿地规划　　118
项目三　新农村社区绿地规划　　129

6 模块六　风景园林绿地规划重绘　　141
项目一　城市风景园林绿地规划设计　　142
项目二　乡村风景园林绿地规划设计　　148

7 模块七　城市风景园林绿地规划案例探索　　159
项目一　街道绿地规划设计　　160
项目二　广场绿地规划设计　　164
项目三　居住区绿地规划设计　　168
项目四　单位附属绿地规划设计　　171
项目五　公园绿地规划设计　　174
项目六　风景区绿地规划设计　　177

8 模块八　乡村风景园林绿地规划案例探索　　183
项目一　村镇广场绿地规划设计　　184
项目二　村镇公园绿地规划设计　　187
项目三　乡村风貌提升绿地规划设计　　190
项目四　村镇人居环境绿地规划设计　　195
项目五　乡村旅游景观绿地规划设计　　197
项目六　传统村落绿地规划设计　　201

参考文献　　205

模块一

风景园林绿地规划认知

项目一　风景园林绿地的功能
项目二　风景园林绿地分类及用地选择
项目三　风景园林绿地规划原则
项目四　风景园林绿地规划的内容与任务

模块一　风景园林绿地规划认知

【模块简介】

风景园林绿地规划是探索城乡绿地发展，擘画国土空间新格局的重要手段，本模块内容从基础认知体系入手，对该内容进行科学的理论梳理，包括：风景园林绿地的功能、风景园林绿地分类及用地选择、风景园林绿地规划原则、风景园林绿地规划的内容和任务。本模块内容旨在围绕生态文明建设提炼项目思政元素，反映生态伦理道德和科学思维，并在实践探索环节中，通过具体问题具体分析，增强对风景园林绿地系统的认知和应用。

【知识目标】

掌握风景园林绿地的功能、绿地分类及用地选择，理解风景园林绿地规划原则，明确风景园林绿地规划的内容与任务。

【能力目标】

能够识别生活中常见的风景园林绿地类型及特征，熟悉风景园林绿地规划项目内容和任务的基本要求。

【思政目标】

树立风景园林生态文明观、科学严谨的治学态度，培育爱国情怀及风景园林设计师的初心使命。

【理论研究】

项目一　风景园林绿地的功能

随着社会的进步和科学技术的发展，园林绿地无论在规模还是功能上都发生了根本性的变化，它已从单一的功能设施变成多功能设施。其主要功能大致可分为：保护环境功能、文化教育功能、休闲娱乐功能和绿地景观功能。

一、保护环境功能

1.净化空气

大气是人类赖以生存的重要物质和构成并影响环境的主要外界因素。为了保持平衡，需要持续释放CO_2和O_2，这个循环主要取决于植物的光合作用（图1-1）。事实上，如果把城市的二氧化碳和建筑的二氧化碳计算在内，那么每人将会拥有30 m²—40 m²的绿地。

生态平衡是一种相对稳定的动态平衡，而维持这种平衡系统的关键是植物。植物是生态系统内食物链的一个起点，是维系平衡的重要因素。为了保持碳氧平衡，不断消耗二氧化碳并提供新鲜氧气，生态系统主要靠植物来补偿这个循环。早在1804年我们就已知道植物吸收的二氧化碳量和放出的氧气量大抵相等。1949年用放射性同位素碳14进行试验，发现植物在阳光下的光合作用要比呼吸作用大20倍左右。所以，森林和绿色植物是地球上天然的吸碳制氧厂，森林和公园绿地被人们称为"绿肺""氧吧"（图1-2、图1-3）。同时，绿色植物被称为"生物过滤器"，是因为在一定浓度范围内，植物对有害气体有一定的吸收和净化作用。在工业生产过程中会产生许多污染环境的有害气体，其中量最大的是二氧化硫，其他主要有氟化氢、氮氧化物、氯、氯化氢、一氧化碳、臭氧及含汞、铅的气体等，这些气体对人类和植物都有

图1-1 植物的光合作用

图1-2 张家界天门山森林公园　　图1-3 上海共青森林公园

图1-4 睡莲是城市中的水体净化植物

图1-5 绿狐尾藻治理水体污染

害。但测试证明，绿地上空气中有害气体浓度低于未绿化地区。

城市空气中存在大量尘埃、油烟、碳粒等烟灰和粉尘，这些物质降低了太阳的照明度和辐射强度，削弱了紫外线，不利于人体健康，还污染空气，致使人们的呼吸系统受污染，增加了各种呼吸道疾病的发病率。而由植物构成的绿色空间对烟尘和粉尘有明显的阻挡、过滤和吸附作用。国外研究资料显示，公园能过滤掉大气中80%的污染物，林荫道的树木能过滤掉70%的污染物，树木的叶面、枝干可拦截空中的微粒，即使在冬天，落叶树也仍能保持着60%的过滤效果。

2.净化水体

城市水体污染源，主要有工业废水、生活污水、降水径流等。工业废水和生活污水在城市中大多通过管道排出，较易集中处理和净化。而大气降水，形成地表径流，会冲刷并带走大量地表污物，其成分和水的流向难以控制，许多会渗入土壤，进而继续污染地下水。污水排入自然水体后，虽可通过水的自净作用得到净化，但水的自净作用是有限度的。因此，对废水污水在排放前进行净化处理以达到排放标准，同时重视利用植物吸收污染物的能力净化水体是十分必要的。许多水生植物和沼生植物对净化城市污水有明显作用，比如芦苇、莲花、浮萍、水葱、绿狐尾藻、蒲草等。在种有芦苇的水池中，水的悬浮物减少30%，氯化物减少90%，有机氮减少60%，磷酸盐减少20%，氨减少66%。另外，草地能大量滞留许多有害的金属并吸收地表污物；树木的根系可吸收水中的溶解质，从而减少水中细菌含量。（图1-4、图1-5）

3.净化土壤

植物的地下根系能吸收大量有害物质且具有净化土壤的能力。在有植物根系分布的土壤中，好气性细菌的数量比没有根系分布的土壤多几百倍至几千倍，故能促使土壤中的有机物能迅速无机化。因此，既净化了土壤，又增加了土壤肥力。草坪作为城市土壤净化的重要地被植物，城市中所有裸露的土地，在种植草坪后，不仅可以改善地上的环境卫生状况，还能改善地下的土壤卫生条件。

4.树木的杀菌作用

空气中散布着各种细菌、病原菌等微生物，不少是对人体有害的病菌，时刻侵袭着人体，直接影响着人们的身体健康。绿色植物能够减少空气中的细菌数量，其中一个重要原因是许多植物的芽、叶、花粉能分泌出一种挥发物质，即杀菌素，它具有杀死细菌、真菌和原生动物的作用。在城市中，绿化区域与未绿化的街道相比，每立方米空气中的含菌量会减少85%以上。例如，在南京各类区域空气中含菌量的比较中显示，人多车多的公共场所空气含菌量为49700/m³，而绿化面积较大的中山植物园空气含菌量为1046/m³，仅为前者的五十分之一。（图1-6、图1-7）

图1-6 南京中山植物园道路

5.改善城市小气候

小气候主要指地层表面属性的差异性所造成的局部地区气候。其影响因素除了太阳辐射和气温外，还直接随作用层的狭隘地方属性而变化，如地形、植被、水面等，其中植被对地表温度和小区域气候的影响尤为显著。夏季，人们在公园或树林中会感到清凉舒适，这是因为当太阳照到树冠上时，有30%—70%的太阳辐射热被吸收。而且树木的蒸腾作用需要吸收大量热能，从而使公园绿地上空的温度降低。另外，由于树冠遮挡了大量直射阳光，树下的光照量只有树冠外的1/5，因此为休憩者创造了安闲的环境。草坪同样具有较好的降温效果，当夏季城市气温为27.5℃时，草地表面温度为22℃—24.5℃，比裸露地面低6℃—7℃。到了冬季，绿地里的树木能降低20%的风速，能避免寒冷的气温降得过低，起到保温作用。

城市热岛效应是城市气候的特征之一，是世界很多城市的共有现象，城市因大量的人工发热、建筑物和道路等高蓄热体及绿地减少等因素，造成城市"高温化"，即城市中的气温明显高于外围郊区的现象（图1-8）。在近地面温度图上，郊区气温变化很小，类似平静的海面，而城区则是一个高温区，就像突出海面的岛屿，同时由于这种岛屿代表高温的城市区域，所以被形象地称为城市热岛。形成城市热岛效应的主要因素有：①城市建设的下垫面使用砖瓦、混凝土、沥青、石砾等，这些材料的比热容小、反照率小；②建筑林立城市通风不良，不利于热扩散；③人口集聚，生产、生活燃料消耗量大，空气中二氧化碳浓度剧增，增加吸收下垫面的长波辐射，导致城市热岛效应。④随着城市化的发展，城市人口的增加，城市

图1-7 南京中山植物园景观

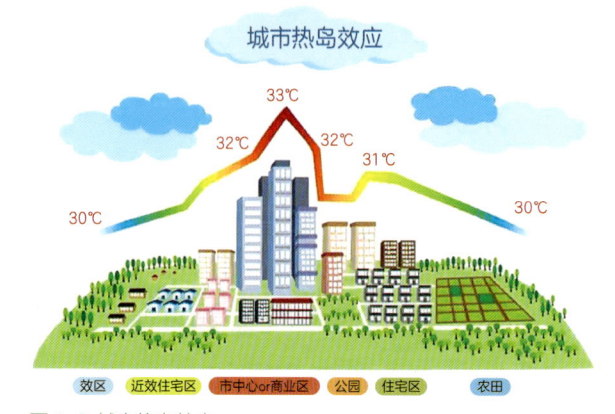

图1-8 城市热岛效应

图 1-9 植草砖缓解城市热岛效应

中的建筑、广场和道路等大量增加，绿地、水体等却相应减少，缓解热岛效应的能力被削弱。改善下垫面的状况，改善气流状况，增加绿色植物的覆盖面积，是改善城市热岛效应的重要途径。园林绿地中有着很多花草树木，它们的叶表面积相较于占地面积要大得多。由于植物的生理机能，植物会蒸腾大量的水分，进而增加了大气的湿度，因此为人们在生产、生活中创造出了凉爽、舒适的气候环境。（图 1-9）

绿地在平静无风时，还能促进气流交换。由于林地和绿化地区能降低气温，而城市中的建筑和铺装道路的广场在吸收太阳辐射后表面增热，使绿地与无绿地区域之间产生温差，大气形成垂直环流，在城建与绿地间形成微风。因此，合理的绿化布局，可改善城市通风及环境卫生状况。

6. 减低噪声

噪声是声波的一种，凡是干扰人们休息、学习和工作的声音，统称为噪声。正是由于这种声波引起空气质点振动，使大气压产生迅速的起伏，这种起伏被称为声压，声压越大，声音听起来越响。噪声也是一种环境污染，会对人产生不良影响。城市噪声来源主要有以下几类：

（1）交通运输噪声：主要是机动车辆、铁路、船舶、航空噪声等。最常见的是街道上机动车辆的噪声，而该噪声造成影响的原因除本身的声源外，还与街道宽度、建筑物的高度有关。

（2）工业噪声：主要来自工业和建筑工地生产、施工过程，对工人和附近居民影响较大。

（3）其他噪声：主要指生活和社会活动场所的噪声，这类噪声虽然强度较小，但波及面广，影响范围大。

噪声会影响人们的正常工作与休息，降低生活品质，甚至引发疾病。如长期在 90 dB 以上的环境中工作，就可能发生噪声性耳聋，使听力下降。研究证明，植树绿化对噪声具有吸收和消解作用，能够减弱噪声的强度。其减弱噪声的机理是，一方面噪声波被树叶向各个方向不规则反射而降低音量；另一方面是由于噪声波致使树叶发生微振而使声音消耗。

7. 保护农田

在城市中，有些工厂散布的废气和烟尘会对农作物和蔬菜产生一定影响。因此，增加工业区和厂区的绿化植树面积，并在工业区与农业区之间建造防护林带，以减轻和防止烟气危害农田，保证农作物、蔬菜的丰收且无污染，构建绿色农业。

农田防护林，能防止风、旱、涝等各种自然灾害，使农作物高产稳产。在江苏北部建立起了"点、线、片、网"四结合的农林结构的农田生态系统，该系统产生了良好的生态效应和经济效益，这证明了农林结合的农田生态系统对农业具有增产稳产作用。复合农林业在我国各地逐步推行，这是充分发挥自然资源、合理利用土地、增加收益、促进农林业发展的表现。通过运用林粮间作、果桑粮菜间作、林药复合系统、竹林复合生态系统等复合种植技术，农林业双双获得了良好的生态经济效益。（图 1-10 至图 1-12）

8. 水土保持

树木和草地对保持水土有非常显著的功能。树木枝叶茂密，能遮蔽地面。当雨水下落时首先冲击树冠，

图 1-10 江西农田防护林

图 1-11 新疆农田防护林

图 1-12 西北竹林生态系统

而不会直接冲击土壤表面,并且树冠本身还能积蓄一定数量的雨水,使其不直接降落地面,这些都可以减少表土的流失。同时,树木和草本植物的根系在土壤中蔓延,能够紧紧地"拉着"土壤不让其被冲走。此外,树林下常有大量落叶、枯枝、苔藓等覆盖物,它们能吸收数倍于自身的水分,也有防止水土流失的作用,这样便能减少地表径流,降低流速,增加渗入地中的水量,使森林中的溪水变得澄清透澈(图 1-13、图 1-14)。如果树林和草地遭到破坏,就会导致水土流失,甚至引发山洪暴发,使河道淤浅、水库阻塞,进而造成洪水猛涨。暴雨时,大量泥沙石块冲刷而下,有些石灰岩山地便形成"泥石流"。其会破坏公路、农田、村庄,对人民生活和生产造成严重危害。我国黄土高原就是水土流失的重灾区。(图 1-15)

9.防灾避难

在常发生地震的城市,为防止灾害,城市绿地能有效地成为防灾避难场所。1976 年 7 月我国唐山大地震时,北京有总面积 400 多公顷的 15 处公园绿地,疏散居民 20 多万人。树木绿地还具有防火及阻挡火灾蔓延的作用。不同树种具有不同的耐火性,针叶树种比阔叶树种耐火性要弱,阔叶树的树叶自然临界温度达到 455℃,有着较强的耐火能力。(图 1-16)

10.环境监测

不少植物对环境污染的反应比人和动物要敏感得多,植被对环境的反馈往往就是环境污染的"信号"。人们可以根据植物所发出的"信号"来分析鉴别环境污染的状况。这类对污染敏感而能发出"信

图 1-13 绿地水土保持

图 1-14 武山县水土保持

图 1-15 黄土高原水土流失

图 1-16 绿地的紧急避难功能

号"的植物被称为"环境污染指示植物"或"监测植物"。利用植物的这种敏感性可以监测环境的污染。研究敏感植物种类如何及时而准确地监测污染物质的存在和分布状况，掌握污染的动向，对于防治环境污染是一项必不可少的工作。几十年来，国际上对利用植物监测环境污染的工作已十分重视。由于植物监测具有方法简单、使用方便、成本低廉等优点，并适合开展群众性的报警工作，因此此项工作应予重视。（图1-17）

城市园林绿化是改善生态环境的重要手段，加强生态环境保护和建设是强国富民、践行美丽中国建设的重要保证，是实现新时代现代化建设的重要途径。

二、文化教育功能

园林绿地还是进行文化宣传、开展科普教育的场所，包括城市公园、公共绿地、旅游风景区、乡村景观等。城市绿地常设各种展览馆、陈列馆、纪念馆、博物馆等，还有专类公园，如动物园、水族馆等；乡村绿地常设有乡村耕读教育、乡村旅游研学、智慧农业观光等活动，都可以提高人们艺术修养、丰富历史和科技知识、陶冶情操。

1.历史文化教育的场所

提升文化内涵传播，提高景观文化感知度，更好地实现历史文化教育的绿地功能，可以用文化感知、叙事性景观、体验式景观等理论对景观营造进行概念研究，通过景观场景塑造，深挖文化内涵，突出文化特色，创新展示方式，提升文化传播度，优化文化体验效果。（图1-18、图1-19）

图 1-17 环境监测员—松萝

图 1-18 永定河历史文化主题公园

图 1-19 梁祝文化公园

2.爱国主义教育的基地

人们在景观中受到社会科学、自然科学和唯物论的教育及爱国主义教育。引导人们特别是广大青少年树立正确的理想、信念、人生观、价值观，是促进中华民族振兴的一项重要工作。如故宫博物院、中国人民抗日战争纪念馆、圆明园遗址公园、中华世纪坛等。（图1-20）

图1-20 著名爱国主义教育基地——圆明园遗址公园

3.生态环境教育的课堂

绿地具备一定的生态景观和教育资源，能够促进游客与自然和谐价值观的形成，其教育功能显著。近年来，我国各地加强新建生态环境教育基地建设，以此培育生态文明观。（图1-21、图1-22）

三、休闲娱乐功能

1.提供休闲娱乐场所

园林绿地另外一个功能就是休闲娱乐功能。城市园林绿地可以为人们提供休息、交往、娱乐的活动空间，人们可以锻炼身体，也可以进行娱乐活动。大家时常能看到早晨公园里有许多老年人在晨练，锻炼身体。另外很多风景名胜区也都是人们多次游览的地方。

2.促进公众心理健康

城市绿地作为城市中重要的自然资源，不仅为城市提供了广泛的生态系统服务，还是居民亲近和感受自然的重要场所，能够缓解居民的生活和工作压力、改善人们身心健康。绿地景观对人类有着一定的心理疗愈功能，随着科学的发展，人们不断深化对这一功能的认识。在德国，公园绿地被称为"绿色医生"。在城市中，使人镇静的绿色和蓝色较少，而使人兴奋和活跃的红色、黄色在增多。因此，绿地的存在可以激发人们的活力，使人们在心理上感觉平静，绿色使人感到舒适，能调节人体的神经系统。植物的各种颜色对光线的吸收和反射不同，青草和树木的青、绿色能吸收强光中对眼睛有害的紫外线。不同颜色对光的反射效果不同，青色反射36%，绿色反射47%，对人的神经系统、大脑皮层和眼睛的视网膜比较适宜，如果在室内外有花草树木繁茂的绿空间，就可使眼睛减轻和消除疲劳。

图1-21 古坡镇青少年生态文明教育实践基地

图1-22 江苏泰兴长江生态文明教育基地

四、绿地景观功能

1.体现植物自然之美

园林植物作为营造园林景观的主要材料，具有姿态、色彩风韵之美，并随着季节变化呈现出不同的季相特征，依据不同地域环境形成不同的植物景观。绿地植物既是现代城乡园林建设的主体，又具备美化环境的作用。植物给予人们的美感效应，是通过植物固有色彩、姿态、风韵等个性特色和群体景观效应所体现出来的。一条街道如果没有绿色植物的装饰，无论两侧的建筑多么新颖，也会显得缺乏生气。同样一座设施豪华的居住小区，要有绿地和树木的衬托才能显得生机盎然。许多风景优美的城市，不仅有优美的自然地貌和雄伟的建筑群体，其园林绿化的景观效果也对城乡面貌起着决定性的作用。

2.营造城乡景观风貌

人们对于植物美感的评价，随着时代、观者的角度和文化素养程度的不同而有差别。同时光线、气温、风、雨、霜、雪等气象因子作用于植物，使植物呈现出朝夕不同、四时互异、千变万化的景色变化，这能给人们带来一个丰富多彩的景观效果。

（1）道路：是一个线性要素，主要是指运动的网络，是一个通道的概念，可以是街道、公路、铁路和河流等。它的特点具有连续性和方向性。道路规划需要保持建筑风格的一致性，用绿色植物的季相变化构成点缀景观，可以选择规则而简练的连续构图，以获得良好的效果；也可以在曲折的道路上采用自然丛植或自然野趣的情趣。同时，道路绿化也体现了城乡的地域环境，形成城乡的特有面貌。（图1-23、图1-24）

（2）边界：主要指城乡的外围和各区间外围的景观效果。形成边界景观的方法很多，可利用空旷地、水体、森林等形成城郊绿地，它是城市或乡村的轮廓，是除道路以外的线性要素。边界可以是河流、海岸线、城市、乡村中的快速路等，常以山地包围或四周为平川的城乡则利用城郊绿地形成边界，以形成青山绿树环抱的景观效果。（图1-25）

（3）区域：是一个面的概念，是相对大一些的城乡范围。城市或乡村景观中，不同功能分区景观效果不同，工业区、商业区、交通枢纽、文教区、居住区景观各异，应保持其特色，而不应混杂，以形成丰富多彩的城市景观效果，如别具特色，区别分明的居住区、市场、文化区、旅游区、公园、村庄等。（图1-26）

（4）节点：是一个点状要素，是人们往来行程的集中焦点，它可以是整个城乡的中心点，或是一个局部区域如广场、公园的中心点，往往在路与路、路与河、路与林、河流与河流的交会点。如火车站、道路的交叉口、广场、庭院等。（图1-27、图1-28）

（5）标志物：也是一个点状要素，是城乡景观的重要内容，标志物必须具有独特的造型，能够和背景形成鲜明的对比，能

图1-23 植物营造小区道路

图1-24 乡间植物花境

图1-25 重庆缙云山黛湖

图1-26 村庄景观风貌

图 1-27 荆州园博园

图 1-30 广东古树乡村

图 1-28 乡村庭院绿地

图 1-29 北京北海公园白塔标志物

够在众多的目标中脱颖而出。一般城市标志物最好位于城市中心的高处，如北京北海公园的白塔、拉萨的布达拉宫、上海的东方明珠电视塔等。乡村标志物可以位于村口或村中心人流集散的地方，若是以承载乡村历史发展的古树名木作为标志物，则应始终保留植物的原始位置。（图1-29、图1-30）

【项目思政】

　　生态文明建设是中国特色社会主义事业的重要内容，关系人民福祉，关乎民族未来，事关"两个一百年"奋斗目标和中华民族伟大复兴中国梦的实现。习近平总书记在党的十九大报告中指出，加快生态文明体制改革，建设美丽中国。面对资源约束趋紧、环境污染严重、生态系统退化的严峻形势，风景园林绿地具有环境保护和生态教育的功能。绿地规划必须树立尊重自然、顺应自然、保护自然的生态文明理念，走可持续发展道路。树立正确的生态伦理道德观是从事风景园林绿地规划工作的基本条件。

【理论研究】

项目二 风景园林绿地分类及用地选择

一、园林绿地分类原则

1. 以绿地的功能作为主要的分类依据。

2. 绿地分类要与城市规划用地平衡的计算口径一致。在城市总体规划中有的绿地要参与城市用地平衡，而有的则属于某项用地范围之内，在总体规划中用地平衡计算时不另行计算面积。

3. 绿地分类要力求反映不同类型城市绿地的特点。由于城市绿化的途径和水平各异，分类方法及计算应考虑各类城市的特点、水平、潜力、发展趋势，以便为今后制订绿地规划的任务、方向提供依据。

4. 绿地应尽量考虑与世界其他国家的可比性。目前世界各国城市园林绿地分类方法和定额指标不同，难以互相比较。在与别国相比时，可采用相应绿地指标来灵活比较。

5. 分类时要考虑绿地的统计范围、投资来源及管理体制。园林绿地是指总体规划中确定的绿地，属于园林部门管理范围，分为城市园林绿地和农林用地及其他用地。

二、城市风景园林绿地分类

修订的《城市绿地分类标准》CJJ/T85-2017，自2018年6月1日起实施。新标准将城市绿地分五大类、十五中类、十一小类，其中五大类为公园绿地（G1）、防护绿地（G2）、广场绿地（G3）、附属绿地（XG）和区域绿地（EG）。

1. 公园绿地

公园绿地是指城市中向公众开放的、以游憩为主要功能，兼具生态、景观、文教和应急避险等功能，有一定的游憩和服务设施的绿地。目前我国的公园类型很多，根据各种公园绿地的主要功能和内容，将其分为综合公园、社区公园、专类公园、游园四个中类，其中专类公园包括动物园、植物园、历史名园、遗址公园、游乐公园和其他专类公园六个小类。（表1-1）

表1-1 公园绿地分类表

名称			内容	备注
公园绿地 G1	综合公园 G11		内容丰富，适合开展各类户外活动，具有完善的游憩和配套管理服务设施的绿地	规模≥10 hm²
	社区公园 G12		用地独立，具有基本的游憩和服务设施，主要为一定社区范围内居民就近开展日常休闲活动服务的绿地	规模≥1 hm²
	专类公园 G13	动物园 G131	在人工饲养条件下，移动保护野生动物，进行动物饲养、繁殖等科学研究，并供科普、观赏、游憩等活动，具有良好设施和解说标志系统的绿地	
		植物园 G132	进行植物科学研究、引种驯化、植物保护，并供观赏、游憩及科普等活动，具有良好设施和解说标识系统的绿地	
		历史名园 G133	体现一定历史时期代表性的造园艺术，需要特别保护的园林	
		遗址公园 G134	以重要遗址及其背景环境为主形成的，在遗址保护和展示等方面具有示范意义，并具有文化、游憩等功能的绿地	
		游乐公园 G135	单独设置，具有大型游乐设施，生态环境较好的绿地	绿地占地比例≥65%
		其他专类公园 G139	除以上各类专类公园外，具有特定主题内容的绿地。主要包括儿童公园、体育健身公园、滨水公园、纪念性公园、雕塑公园及位于城市建设用地内的风景名胜公园、城市湿地公园和森林公园等	绿地占地比例≥65%
	游园 G14		除以上各种公园绿地外，用地独立，规模较小或形状多样，方便居民就近进入，具有一定游憩功能的绿地	带状游园的宽度宜大于12 m，绿化占地比例≥65%

2. 防护绿地

防护绿地用地独立，具有卫生、隔离、安全、生态防护功能，是游人不宜进入的绿地。主要包括卫生隔离防护绿地、道路及铁路防护绿地、高压走廊防护绿地、公共设施防护绿地等。

3. 广场绿地

广场绿地以游憩、纪念、集会和避险等功能为主的城市公共活动场地，绿化占地比例≥35%，其中绿化占地比例≥65%的广场用地计入公园绿地。

4. 附属绿地

附属绿地是指城市建设用地，除绿地与广场用地外的绿化用地。附属绿地分为居住用地、公共管理与公共服务设施用地、商业服务业设施用地、工业用地、物流仓储用地、道路与交通设施用地、公共设施用地中的绿地七个种类。（表1-2）

5. 区域绿地

区域绿地位于城市建设用地之外，具有城乡生态环境及自然资源和文化资源保护、游憩健身、安全防护隔离、物种保护、园林苗木生产等功能的绿地。不参与建设用地汇总，不包括耕地。区域绿地分为风景游憩绿地、生态保育绿地、区域设施防护绿地和生产绿地四个中类，其中风景游憩绿地包括风景名胜区、森林公园、湿地公园、郊野公园和其他风景游憩绿地五个小类。（表1-3）

三、城市风景园林绿地用地选择

1. 公园绿地

公园绿地的用地选择应该注意以下几点：

（1）方便居民使用，有合理的服务半径，卫生条件和绿化条件较好的地方，与城市道路有密切联系，交通方便。

（2）具有良好的自然条件，位于景色优美的地段，充分利用自然地形，如山林、湖河水系，避免大动土方，节约资源，形成丰富的园景。

（3）选择名胜古迹、历史遗址等具有人文历史景观的地段，显示地域特色、保护民族文化遗产，增加公园的文化内涵和科普教育意义。

（4）利用街头小块绿地，建设小型公园、带状公园、口袋公园等多种休闲娱乐场地，方便附近居民的休闲游览。

（5）考虑发展预留地，以备公园内容丰富扩充之用，满足人们日益提高的生活水平需求。

2. 生产绿地

选择苗圃地得当与否，直接影响苗木的产量、质量和育苗成本及城市生态景观，因此，合理选择苗圃地要注意以下几个方面：

（1）园林苗圃地一般占地面积较大，多选择在国道、省道旁的城郊农业用地或荒山，要求交通方便，道路状况好，便于运输，盆栽苗圃最好选择在主要公路两侧或苗圃较为集中、能集中经营的城镇附近。

（2）农用地建苗圃，地形地势开阔，山地地形应选择坡度适中的山地，一般坡度为1°—3°，最大坡度不超过5°；如果要选择将坡度较大、土壤较黏的地方作为苗圃地，可采用梯田种植方式，这样可以防止水土流失、提高土壤肥力。

（3）选择适宜苗圃、花圃生产的土壤、水源条件较好的场地，以利于培育苗木并节约投资费用。

（4）不同种类苗木其生物学特性和生态习性不同，对地形和坡向要求也不同，应选择适宜树种苗木，以达到最佳栽植效果。如阳坡面日照时间长，温度相对较高，适宜培育阳性树种苗木，苗木的光合作用强，营养物质积累多，生长快，质量好；阴坡面日照短，温度相对较低，适宜培育阴性树种苗木或较耐阴的苗木，或者幼小耐阴苗放在阳坡培育，然后移植到阴坡；半阴坡适宜培育中性树种苗木。另外，应根据具体坡面位置选择不同苗木，下坡种植对土壤和水分条件要求较高的苗木，上坡种植抗性较强的苗木。

3. 防护绿地

（1）防风林

在了解和把握当地风向规律的基础上，确定可能对城市造成危害的季风风向，为避免城市被大风沙侵袭，可在城市的外围正对盛风的位置设置与风向垂直的防风林带。

表1-2 附属绿地分类表

名称		内容
附属绿地XG	居住用地附属绿地RG	居住用地内的配建绿地
	公共管理与公共服务设施用地附属绿地AG	公共管理与公共服务设施用地内的绿地
	商业服务业设施用地附属绿地BG	商业服务业设施用地内的绿地
	工业用地附属绿地MG	工业用地内的绿地
	物流仓储用地附属绿地WG	物流仓储用地内的绿地
	道路与交通设施用地附属绿地SG	道路与交通设施用地内的绿地
	公共设施用地附属绿地UG	公共设施用地内的绿地

表1-3 区域绿地分类表

名称			内容	备注
区域绿地EG	风景游憩绿地EG1	风景名胜区EG11	经相关主管部门批准设立,具有观赏、文化或者科学考察等主要功能,具备游憩和服务设施的绿地	
		森林公园EG12	具有一定规模,且自然风景优美的森林地域,可供人们进行游憩或科学、文化、教育活动的绿地	
		湿地公园EG13	以良好的湿地生态环境和多样化的湿地景观资源为基础,具有生态保护、科普教育、湿地研究、生态休闲等多种功能,具备游憩和服务设施的绿地	
		郊野公园EG14	位于城区边缘,有一定规模,以郊野自然景观为主,具有亲近自然、游憩休闲、科普教育等功能,具备必要服务设施的绿地	
		其他风景游憩绿地EG19	除上述的风景游憩绿地外,还包括野生动植物园、遗址公园、地质公园	
	生态保育绿地EG2		为保障城乡生态安全,改善景观质量而进行保护、恢复和资源培育的绿色空间。主要包括自然保护区、水源保护区、湿地保护区、公益林、水体防护林、生态修复地、生物物种栖息地等各种以生态保育功能为主的绿地	
	区域设施防护绿地EG3		区域交通设施、区域公用设施等周边具有安全、防护、卫生、隔离作用的绿地。主要包括各级公路、铁路、输变电设备、环卫设施等周边的防护隔离绿化用地	区域设施指城市建设用地外的设施
	生产绿地EG4		为城乡绿化美化生产、培育、引种试验各类苗木、花草、种子的苗圃、花圃、草圃等圃地	

（2）卫生防护林

介于工厂与居住区之间，依工业企业有害气体及骚扰程度不同，设不同级别宽度的防护林带。

（3）道路防护绿地

应根据周围地形条件，如田野、山丘、河流、村庄等，尽可能与农田防护林、卫生防护林等相结合，做到一林多用、少占耕地，结合生产创造效益。

（4）水土防护林

主要设置在城市的江、河、湖、海等滨水区域或山谷、坡地等，栽植根系深广的树木可以起到改良土壤、固土护坡、涵养水源、防止水土流失的功能。

4. 附属绿地

附属绿地是指专门某一部门、某一单位使用的绿地。这类绿地在城市中分布广泛，占地比重大，是城市普遍绿化的基础。附属绿地用地一般不单独进行选择，位置取决于它所附属机构的用地要求。

5. 其他绿地

对于风景名胜区、森林公园、自然保护区、风景林地、湿地等绿地，一般选择在远离城市、自然山水条件优越、动植物资源丰富的地点营建。

四、农村土地性质分类

1. 农用地

农用地是直接用于农业生产的土地，包括耕地、林地、草地、农田水利用地、养殖水面等。

2. 建设用地

建设用地是指建造建筑物、构筑物的土地，包括城乡住宅和公共设施用地、工矿用地、交通水利设施用地、旅游用地、军事设施用地等。

3. 未利用地

未利用地是指农用地和建设用地以外的土地，主要包括荒草地、盐碱地、沙地、裸土地等。

五、乡村规划用地分类及选择

目前，在我国乡村振兴发展战略背景下，依据《中华人民共和国城乡规划法》，为科学编制村庄规划，加强村庄建设管理，改善农村人居环境，制定《村庄规划用地分类指南》。村庄规划用地共分为三大类、十中类、十五小类。其中三大类为村庄建设用地、非村庄建设用地、非建设用地。

1. 村庄建设用地

分为五类，主要包括村民住宅用地、村庄公共服务用地、村庄产业用地、村庄基础设施用地和村庄其他建设用地。

（1）村民住宅用地

指村民住宅及其附属用地。城市居住用地有居住区级、居住小区级和组团级等公共服务设施体系，而村庄公共服务设施层级单一，且一般不在村民住宅内。

（2）村庄公共服务用地

指用于提供基本公共服务的各类集体建设用地，包括公共服务设施用地和公共场地。

村庄公共服务设施用地应为独立占地的公共管理、文体、教育、医疗卫生、社会福利、宗教、文物古迹等设施用地，以及兽医站、农机站等农业生产服务设施用地。多数村庄公共服务设施通常集中设置。

村庄公共场地是指用于村民活动的公共开放空间用地，应包含为村民提供公共活动的小广场、小绿地等，不包括"村庄公共服务设施用地"内的附属开敞空间，如村委会院内的小广场属村庄公共服务设施用地。

（3）村庄产业用地

应为独立占地的用于生产经营的各类集体建设用地，分为村庄商业服务业设施用地和村庄生产仓储用地两类。

（4）村庄基础设施用地

指为村民生产生活提供基本保障的村庄道路、交通和公用设施等用地，包括村庄道路用地、村庄交通设施用地、村庄公用设施用地。

村庄道路用地：在村庄基础设施用地中占地较大，村内道路质量对村庄整体人居环境很重要，包括村庄建设用地内的主要交通性道路、入户道路等。

村庄交通设施用地：指村民服务独立占地的村庄交通设施用地，包括公交站点、停车场等用地。考虑到我国部分地区村庄有船运、海运等特殊的交通出行方式，可将码头、渡口等特殊交通设施的地面部分用地及其附属设施用地计入"村庄交通设施用地"。

村庄公用设施用地：包括村庄给排水、供电、供气、供热和能源等独立占地供应设施用地；公厕、垃圾站、粪便和垃圾处理等环境设施用地；消防、防洪等安全设施用地。

（5）村庄其他建设用地

指未利用及其他需进一步研究的村庄集体建设用地，包括村庄集体建设用地内的未利用地、边角地、宅前屋后的牲畜棚、菜园，以及需进一步研究其功能定位的用地。

2.非村庄建设用地

包括对外交通设施用地和国有建设用地两类，其中对外交通设施用地包括村庄对外联系道路、过境公路和铁路等交通设施用地。

3.非建设用地

划分为水域、农林用地和其他非建设用地三类。

（1）水域

包括自然水域、水库和坑塘沟渠三小类，意在突出水域本身在规划中所起到的生态、生产及防灾方面的作用。

（2）农林用地

包括设施农用地、农用道路、其他农林用地三类。

（3）其他非建设用地

包括盐碱地、沼泽地、沙地、裸地等。

【项目思政】

《城市绿地分类标准》CJJ/T85-2017 的制定，作为行业基础性标准，体现了城市绿地规划的科学发展规律，突出城乡统筹思想、强调多规合一理念、落实以人为本原则、重视文化遗产保护及弹性空间规划。

农村土地规划要守住耕地红线，坚决实行最严格的耕地保护制度，遏制耕地"非农化"、防止耕地"非粮化"，保障中国粮食安全。

【理论研究】

项目三 风景园林绿地规划原则

一、城市绿地规划原则

1.协调性原则

绿地系统规划不能孤立地进行，要与工业布局、居住区规划、公建、空间的开辟建设，道路交通的规划等密切结合，如卫生隔离林带、滨水绿地、居住区配套绿地、街道绿化等。

2.因地制宜原则

重视城市内外自然山水地貌特征，发挥自然环境条件优势，同时深入挖掘城市历史文化内涵，结合城市总体规划用地布局，对各类园林绿地综合考虑，统筹安排，形成城市园林绿地系统布局结构与特色。

3.需求性原则

各类园林绿地的类型与规模不同，按照国家有关城市园林绿地指标的规定，根据城市游憩要求、景观建设、改善生态环境、城市避灾防灾等需要，考虑城市现状建设基础条件和经济发展水平进行规划。

4.多样性原则

在城市绿地建设中，充分体现生物多样性，发挥植物的多种功能。

5.均衡性原则

各级各类公园绿地及附属绿地，原则上根据人口的密度来配置相应数量的公园绿地，合理布局，而且在级别上要均衡配套，服务半径要适宜。

6.规划性原则

城市建设规模和人口规模不断扩大，合理制订分期建设规划，确保在城市发展过程中，能够保持一定水平的绿地规模，使各类城市绿地的增加不低于城市发展的速度。

7.经济性原则

不能以丧失绿化用地的代价换取暂时的经济效益，处理好服务与经营的关系，以达到建设园林城市的目的。

8.地带性原则

坚持以适应本地生长的乡土树种为主，引进外来树种为辅的原则，制订合理的乔、灌、花、草种植比例，以乔木和灌木为主，同时考虑植物的观赏、生态和经济价值。

二、乡村绿地规划原则

1.城乡绿地一体化

乡村绿地是城市绿地的延伸，是城乡绿化建设中的一项重要内容。乡村绿地要与城市绿地同步规划建设，实现城乡绿化的统一，构建"以城带乡，以乡促城，城乡联动，整体推进"的城乡一体化绿地系统。

2.科学规划、合理布局

乡村绿地规划要与天然林、生态林、快速丰产林基地及绿色通道建设结合起来，搞好村旁、宅旁、路旁、水旁的绿化和净化美化。并将其与生态旅游、农业观光旅游相结合，既能营造良好的生态环境，又能充分发挥社会效益、生态效益和经济效益。（图1-31至图1-33）

坚持以农民住宅庭院、村庄社区、村庄公共场所和民俗景点为主的绿化；以街道、公路、河渠的绿化及环村林带为主线的绿化；以村庄周边的片林、山区的工程造林、平原的农田林网等为主的绿化。

3.实用、经济、美观三者统一

目前，我国大多数农村地区的经济发展总体向好，在乡村绿地的规划中，要尽可能减少投入资金、物力、人力，以取得更好的效果。充分利用乡村独特的山水资源，使乡村绿化与生态环境保护和经济发展相结合。（图1-34）

4.突出"三农"特色

乡村绿地根据所处的自然环境条件，突出乡村特色、展现田园风格，充分利用树木花草的形态、色彩、

图1-31 刘姥姥枢庄打造的"后花园"

图1-32 融合农业观光的马鞭草打造植物花海

图1-33 乡村休闲旅游

图1-34 大埔乡村古镇发展生态旅游

轮廓之美，营造出村庄绿化优美的景观。体现农耕精神、农业科技和农村现代化发展，形成风韵独特的乡村园林景观。（图1-35、图1-36）

5.因地制宜，体现地域特征

由于我国乡村不同的自然地貌和不同的气候，不同的经济发展水平和人口密度，绿化要因地制宜展现不同的特性。在寒冷地区，人们更多地把植树造林作为防风的手段。在高温环境中，应考虑到乡村的空气流通，绿化区成为旅游休养村的重要功能区域之一。（图1-37）

6.乡村在地化发展

绿地要充分利用乡村原有地形、地貌、水体、植被和文物古迹等自然、历史、人文景观，尽量尊重原有场地地表肌理和乡土文化。

乡村改造时，各地要根据具体情况，保护村落传统文化遗产，确定合适的绿地指标，并较均衡地布置于乡村中。（图1-38、图1-39）

图1-35 中国最美乡村——甲居藏寨

图1-36 乡村景观

图1-37 美丽乡村

图1-38 中国江西省婺源乡村景观

图1-39 乡村绿地规划尊重场地原始地表肌理

【项目思政】

　　风景园林绿地规划根据城市和乡村两种不同的环境特征提出了不同的规划原理，在规划设计中思考问题时，要学会科学分析，根据场地的不同情况采取不同措施，不能将城市规划和乡村规划一概而论，必须深入实际，进行调查研究。坚持马克思主义活的灵魂——"具体问题具体分析"，在研究中，要反对主观性、片面性和表面性。对城市和乡村的客观环境做具体的分析，才能正确认识城乡绿地的发展方向，才能设计出符合风景园林绿地规划原理的中国方案。

【理论研究】

项目四　风景园林绿地规划的内容与任务

一、城市绿地系统规划目标

　　1. 根据当地实际自然、人文条件和发展前景，确定该城市绿地系统规划的原则。

　　2. 在城市总体规划框架内合理布局，选择各类园林绿地的位置、范围、面积和性质，并根据国民经济发展计划、建设速度和水平，统计并调整绿地的各类指标。

　　3. 在城市绿地系统规划的前期阶段，及时提出调整、改造、提高、充实的意见。保证绿地计划的实施顺利进行。

　　4. 整理城市绿地系统规划的图纸文件。

　　5. 对拟建设的城市绿地提出示意图、规划方案及设计任务书，对绿地的性质、位置、规模、环境、服务对象、布局形式、主要设施项目、建设年限等，做出详细的细节规划。

二、城市绿地系统规划的工作内容

　　1. 调查城市绿地概况，进行绿地现状分析。

　　2. 制订总则，包括规划范围、依据、指导思想与原则、规模期限与规模。

　　3. 制订规划目标与指标。

　　4. 制订市域绿地系统规划。

　　5. 确定规划布局与分区。

　　6. 城市绿地分类规划（包括公园绿地、生产与防护绿地、附属绿地等）。

　　7. 树种规划。

　　8. 生物多样性保护与建设规划。

　　9. 古树名木保护。

　　10. 分期建设规划。

　　11. 实施措施。

　　12. 城市主要规划植物名录等附录、附件。

　　13. 避灾绿地规划。

三、城市绿地系统规划具体内容

　　1. 确定城市绿地系统规划的指导思想和规划原则。

　　2. 调查、分析、评价城市绿化现状、发展条件及存在问题。

　　3. 确定城市绿化建设的发展目标和规划指标。

　　4. 确定城市绿地系统的规划结构、合理确定各类城市绿地的总体关系。

　　5. 统筹安排各类城市绿地，分别确定其位置、性质和发展指标。

　　6. 划定各种功能绿地的保护范围，确定城市各类绿地的控制原则。

　　7. 提出城市生物多样性保护和建设的目标、任务和保护建设的措施。

　　8. 对城市古树名木的保护进行统筹安排。

　　9. 确定分期建设步骤和近期实施项目，提出城市绿地系统规划的实施措施。

四、城市绿地系统规划主要任务

　　1. 选择和合理布局城市各项园林绿地，确定其位置、性质、范围、面积及内容。

　　2. 根据城市性质及城市经济发展规模，研究城市园林绿地建设的发展速度与水平，拟定城市绿地的各项指标。

　　3. 对总体规划中城市园林绿地系统进行调整、充实、改造、提高，并提出园林绿地分期修建项目的实施计划，以及划出需要控制和保留的绿地红线。

4. 编制城市园林绿地系统的图纸和文件。

5. 对于重点的大型公园绿地，需提出意向图和规划方案。

6. 城市园林绿地树种规划：贯彻执行国家生物多样性有关规定，确定城市各主要乔、灌、草种类，并进一步制订育苗规划。

五、乡村绿地系统规划目标

1. 以自然保护为目标，包括生态环境敏感和脆弱的，有待保护的风景。

2. 对可进行游憩开发的高质量风景的可持续利用，如风景林地或绿道。

3. 考虑到未来长远的需求，例如，在小城镇建设中，为发展提供充足的生态走廊和隔离带，起到连通、与自然相结合的效果。

六、乡村绿地系统规划内容

乡村绿地系统规划必须符合我国国情，应贯穿包含镇规划、乡规划和村庄规划在内的乡村规划的每个阶段，逐步建立乡村绿地系统规划体系。

从规划层次来说，乡村绿地系统规划分为：乡村体系绿地系统规划、镇区绿地系统总体规划、镇区绿地控制性详细规划、镇区绿地修建性详细规划和村庄绿地建设规划。

1. 乡村体系绿地系统规划：以整个村庄系统的总体适宜性评估为依据，包括了系统中各个小区的绿地系统的总体布局结构、各类绿地性质和内容，对于下一层次的绿地系统规划起到宏观指导作用。

2. 镇区绿地系统总体规划：包含一般建制镇和乡村集镇在内的镇区居民点绿地总体规划阶段。

3. 镇区绿地控制性详细规划：落实上位镇区绿地系统总体规划的控制性各项要求和规划指标。

4. 镇区绿地修建性详细规划：落实上位镇区绿地系统总体规划的修建性各项要求和规划指标。

5. 村庄绿地建设规划：因为规模较小，对上位绿化系统规划中的绿地进行空间分区控制，在刚性控制和弹性导向的协调下，在村庄体系下制订一套具有针对性和指导性的绿色建设指标，确保村庄绿地规划的执行。

乡村绿地系统规划要依据《乡村总体规划》的村庄性质、发展目标、用地布局等方面进行深入的调研，科学地确定各类乡村绿地的发展指标，合理安排乡村各类园林绿地建设和乡村大环境绿化的空间布局，达到保护和改善乡村生态环境、优化乡村人居环境、促进乡村可持续发展的目的。

【项目思政】

建设美丽中国已经成为中国风景园林师肩负的义不容辞的历史使命。风景园林设计师要有强烈的使命感和责任感，要充分了解中国的自然发展和社会发展，充分地了解现代人对休闲生活的需求，这样才能做出符合人民需要的设计。风景园林绿地规划的内容与任务具有明确的价值观，即要为人民的长远、根本的利益服务，不符合客观规律和人民利益的事情坚决不做，以免给人民造成重大的损失。

【实践探索】

风景园林绿地类型分析

一、任务提出

根据《城市绿地分类标准》CJJ/T85-2017标注，关注身边的风景园林绿地类型，对城市绿地类型和乡村绿地类型分别进行具体问题分析。

二、任务分析

思考城市绿地和乡村绿地的典型类型，树立具体问题具体分析的科学思维方法。

三、任务实践

对风景园林绿地类型进行分析，完成PPT制作汇报，掌握如下分析要点：

1. 绿地类型资料调研、数据分析。

2. 图片采集、整理。

3. 概括各绿地类型及其特征。

4. 完成分析汇总表。

四、任务评价

1. 图表精美，绿地类型分析正确。
2. 良好的语言表达能力。
3. 具有正确的生态文明观。
4. 具有"具体问题具体分析"的科学的辩证思维能力。

【知识拓展】

城市洪水安全格局

一个由河流水系和湿地所构成的滞洪调洪系统是为应对城市洪水灾害而构建的一种空间布局。主要内容包括：自然水系保护、绿色基础设施建设、排水系统优化、防洪设施建设等，并将其与生物保护、文化景观保护及游憩系统相结合、共同构建了城市和区域的生态基础设施，就像市政基础设施为城市提供社会经济服务一样，它成为国土生态安全的保障，并为城市持续地提供生态服务。

模块二

风景园林绿地规划调研

项目一　风景园林绿地规划调研基础
项目二　城市风景园林绿地规划调研
项目三　乡村风景园林绿地规划调研

模块二　风景园林绿地规划调研

【模块简介】

风景园林绿地规划调研主要包括全面客观地剖析当前风景园林绿地的总体格局、市场需求、场地特征及发展趋势等。本模块内容从调研的基础信息入手，有针对性地对城市风景园林绿地规划调研和乡村风景园林绿地规划调研进行理论研究，包括：调研要点、调研方法、调研内容和调研案例。提炼调研案例的项目思政元素，传播校园精神和中国传统文化。在实践探索环节中，通过调研实践，增强风景园林绿地规划调研的操作性和应用性，锤炼知行合一、实事求是的科学精神和团队协作能力。

【知识目标】

了解风景园林绿地调研的目的、意义及工作内容；掌握城市风景园林绿地规划调研和乡村风景园林绿地规划调研的基本方法和内容。

【能力目标】

开展风景园林绿地规划调研，掌握调研方法，能够进行数据分析，完成调研报告。具备针对风景园林绿地景观质量、景观空间感知、视觉环境质量、植物景观效果等进行调研的能力，培养发现问题、分析问题、解决问题的专业能力。具备针对乡村风景园林绿地在乡村自然环境资源、乡村产业、乡村居住环境、乡村传统文化等方面进行调研的能力。

【思政目标】

在调研过程中，学生能通过自己的观察、思考、讨论，在国家智慧城市建设、乡村振兴战略的指导下，明确如何利用自身所学实实在在地服务地方经济，建设城市、助力乡村振兴，同时联系自身专业特征，关注区域生态保护发展，传播校园精神、中国传统文化。具备科学的生态文明意识，知行合一的专业治学态度，实事求是的科学精神和团队协作能力。

【理论研究】

项目一　风景园林绿地规划调研基础

风景园林绿地规划是对区域生态、景观环境建设的进一步深入，任何风景园林绿地规划设计都需要与项目场地现状及其周边环境相联系，需要考虑项目设计应用者的需求。只有经过认真、翔实、全面的调研获得的第一手资料，才能使风景园林绿地规划始终建立在客观需求的前提下有效进行。

一、风景园林绿地规划调研的目的及意义

1. 场地调研是风景园林绿地规划的前提和基础

风景园林绿地规划并非开始于设计手稿或电脑制图软件上，其首先需要对规划项目进行全面、客观的认识和思考。绿地规划是以人为方式对客观环境进行改造，而全面深入的场地调查与分析是规划设计的首要步骤。因为任何背离项目实际的规划构想，都会导致规划设计与现实的抵触，造成园林绿化与整体环境的脱节，所以风景园林绿地规划必须尊重自然外在、尊重客观需求。

2. 调查内容是风景园林绿地规划提出问题、建立目标的依据

建立目标是风景园林绿地规划的重要环节，也为后续的规划方案设计阶段明确了项目需解决的问题、解决问题的指导思想和规划设计内容。通过完成项目场地现场调研，可获取大量场地信息、数据，能更深入了解项目本身，并能对项目现场与周边环境得出相应结论；调研数据分析还能帮助获取场地使用者的需求，明确现存问题；结合项目相关开发政策，能确定项目规划目标和设计构想。

3. 场地调研应始终贯穿风景园林绿地规划全过程

由于风景园林绿地规划调研内容十分广泛，其调

研结果也将直接或间接地应用于后续风景园林绿地规划设计的各阶段之中。同时，随着风景园林绿地规划的逐渐深入，其规划设计内容不断被量化，规划设计思考与客观需求方面仍会出现许多需要了解的内容，因此，对于风景园林绿地规划项目的调研不应仅满足规划设计初期的需求，更应该着眼于风景园林绿地规划的全过程，依据不同的项目类型和实际需求更加深入、完善地做好场地调研。

二、风景园林绿地规划调研工作内容

风景园林绿地规划不是独立的功能设计或艺术设计，而是多学科交叉、多领域协作。风景园林绿地规划涉及领域包括：生态环境规划、城乡规划、建筑设计、园林景观设计、景观设施设计等诸多方面。风景园林绿地规划调研工作开始前，就需要明确调研任务。在项目场地调研阶段，需完成的内容包括：

1.现场调研前准备

项目场地调研并非从一张白纸开始，在现场调研工作开始之前，需要通过各种渠道获取项目场地部分信息以利于现场调研工作的开展。这些信息大致包括以下几类：

（1）地理位置信息：包括项目场地位置坐标、场地竖向高程、场地规划红线、规划绿线、规划蓝线、规划紫线、规划黄线、项目周边建筑及场地信息、市政管网、交通信息等。

（2）气候条件信息：区域日照时长、全年最低最高温度、年降雨量、以往最高日降雨量等。

（3）植被环境信息：原生植被信息、原生植物群落构成、土壤酸碱度、土壤理化性质等。

（4）区域经济发展信息：区域主导产业、区域经济水平、区域居民结构等。

（5）文化信息：区域民族文化、区域传统民俗、区域宗教文化及区域其他类别文化信息等。

（6）政策信息：区域发展总体规划、策略等。

这类信息需要在进行正式项目场地调研前整理、汇总，以便后期现场应用。

现场调研前获取资料的收集方式多种多样，如查阅原始图纸、地理信息网站、相关档案资料、史志及文献资料等。

2.现场调研工作

（1）核对前期调研资料的准确性。

（2）根据项目实际情况，开展相应的风景园林绿地现状调研、城乡形象调研、空间应用调研、项目使用者需求、感受调研等工作。

由于调研的详细内容受项目类型影响极大，采用的调研手段多样，调研成果应用也有所不同，以下将通过两个大项、三个不同的风景园林绿地现状调研案例来详细讲授具体方法及调研内容。

【项目思政】

天津市规划和自然资源局调研组深入黄南藏族自治州。一路上发扬团队协作精神，先是穿越了原始森林覆盖的麦秀林场三江源保护站，了解当地生态保护情况；接着调研了同仁市城北新区的规划建设及地下管廊等相关情况；之后考察了唐卡艺术小镇和天津援建项目，了解了德吉村异地搬迁、乡村旅游情况；再穿越坎布拉国家地质公园，调研其规划布局、实施建设与生态保护情况；最后考察了李家峡水库周边地质灾害隐患及生态系统修复情况。规划设计团队秉承实事求是的科学态度，不仅懂农村，更爱农民，发挥了农民在村庄规划编制的主体作用。

【理论研究】

项目二　城市风景园林绿地规划调研

一、城市风景园林绿地类型与调研

城市风景园林绿地规划调研受绿地类型的影响，绿地建设的目的不同，规划调研的目标也不同。风景园林绿地根据《城市绿地分类标准》CJJ/T85—2017，将城市绿地划分为公园绿地、防护绿地、广场绿地、附属绿地区域绿地四大类，每类绿地都有相应的规划标准。

城市绿地的规划除包括道路绿地规划、树种规划、古树名木保护规划、防灾避险绿地功能规划外，还根据城市建设需要增加了绿地景观风貌规划、绿道规划、生态修复规划、生物多样性保护规划、立体绿化规划等专业规划。基于绿地类专业规划的目的不同，城市风景园林绿地调研内容也各不相同。

二、城市风景园林绿地规划调研方法

1.基于道路绿地规划、树种规划、古树名木保护规划等需求的植物调研

植物调查需要明确植物种名、数量、生长状况等信息，一般选择使用植物调查表进行登记、汇总。

首先，针对进行调研项目的具体情况分区、分段来划分植物调研位置并进行编号；

其次，进行分区、分段植物调研，填写植物调查记录表（图2-1）；

随后，进行植物调研区域调研数据汇总，填写植物调查统计表（图2-2）；

最后，针对植物调研结果进行分析，获取后期规划依据。

2.基于园林绿地景观风貌规划、生态修复规划等的景观调研

景观的评估往往取决于人的主观感受，为了获得景观感受的数据信息，常规的做法是对景观进行量化评价。

场地环境感受评价及场地综合分析评价在风景园林专业中常用SD法、SBE法、SWOT法，结合各种数据分析进行测定。

SD法应用方向针对空间环境评价、环境美景度评估、环境生态评估、城市绿化分析、特殊地形（山岳、滨水等）景观分析、特殊场所（古镇）景观分析等。

SBE法常应用于风景园林景观、城市绿色景观、自然景观旅游资源、旅游质量分析等。

SWOT法基于专业系统视角，常用于研究环境生态建设，处理区域经济发展与生态环境相互关系等。

风景园林绿地规划的调查应随着项目的不同、研究方向的不同选择合理的调研方法，使后期绿地规划工作基于科学性的调研成果展开。

三、城市风景园林绿地规划调研案例

1.调研项目名称

重庆市合川区盐井镇滨水景观质量调研

2.调研方法

以重庆市合川区盐井镇段为对象，运用语义分析法从景观使用者的心理角度出发，对嘉陵江滨水景观进行质量调研。

植物调查记录表

编号：		记录地点：		时间：	
贴图					
学名		科属		数量	
形态特征					
生长状况					
数据测量（乔木、灌木）					
株高(m)		胸径(m)		冠幅(m)	

图2-1 植物调查记录表

植物调查统计表

地点：　　　　　　　　　　　　　　　　　　　　　　　　　　　　　统计人：

乔木统计				
序号	植物名	规格	数量（株）	备注
1				
2				
3				
……				

灌木统计				
序号	植物名	规格	数量（株/m）	备注
1				
2				
3				
……				

草本地被统计			
序号	植物名	数量（m²）	备注
1			
2			
3			
……			

1. 古树名木标注在备注区，简述生长状况；
2. 优势植物标注在备注区；
3. 其他植物的生长状况、环境适应性等信息标示备注区。

图 2-2 植物调查统计表

3.调研步骤

（1）景观评价对象选定：针对重庆市合川区盐井镇段嘉陵江滨水景观提取 6 个调查样本位置进行调研。（图 2-3）

（2）调查问卷制订：SD 评价法需根据选定的调研对象，拟定评价尺度，根据评价尺度拟定形容词对，从而制订调查问卷进行数据收集和定量分析。

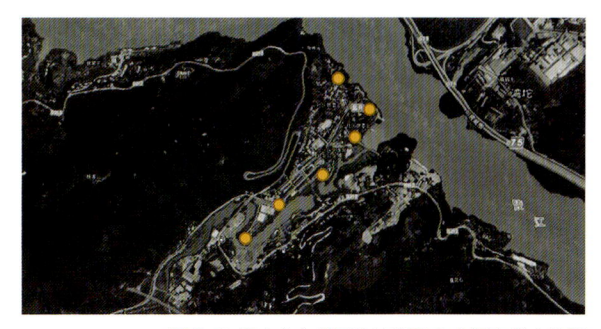

图 2-3 重庆市合川区盐井镇段 6 个调查样本位置

重庆市合川区盐井镇段嘉陵江滨水景观质量调研问卷如下。（图2-4）

被调查人：	专业学生		专业人员	其他人	
	性别：男女			年龄：18岁以下　18—40岁　40—60岁　60以上	
	评价项目			评分（0—3分）	
A景观要素					
	编号	评价因子	形容词对		
	A1	可达性	不便——便捷		
	A2	视域宽广度	视域狭窄——视域宽广		
	A3	岸线形态	渠化——蜿蜒		
	A4	亲水性	亲水性低——亲水性高		
	A5	景观美感度	单调——美观		
	A6	景观和谐度	混乱——和谐		
	A7	环境视觉趣味性	无趣——有趣		
B生态因素					
	B1	植被覆盖率	覆盖率低——覆盖率高		
	B2	植物多样性	单一——丰富		
	B3	水质	浑浊——清澈		
	B4	环境整洁度	脏乱——整洁		
C社会人文因素					
	C1	历史文化延续性	延续性弱——延续性强		
	C2	公众参与度	参与度低——参与度高		
	C3	配套设施安全性	危险——安全		
	C4	娱乐活动多样性	单一——多样		

图2-4 景观调查问卷

案例以使用者的心理感知为视角，参考滨水空间的景观评价指标，预算景观要素、生态要素和社会人文要素等3个方面的影响因子，最后结合重庆市合川区盐井镇段嘉陵江滨水景观特征综合制订出15个SD评价因子，制成调研问卷。

（3）调研数据分析

① 调查量

每个样本点发放20份以上的问卷，回收全部问卷结果。分析问卷有效率，进行问卷数据汇总。案例一共发出调查问卷120份，回收率100%，问卷有效率94%。（图2-5）

图2-5 学生在盐井镇进行问卷调研

② SD 评价结果分析

通过对样本数据的统计，可以得到重庆市合川区盐井镇段嘉陵江滨水景观的 SD 得分，依据得分可以计算出各项 SD 因子的平均分值（图 2-6），以各项 SD 评价因子的得分值为坐标轴，绘制出 SD 评价曲线图（图 2-7）。折线图中的每个符号代表对应的是 SD 因子得分值，符号偏向的方向表示符合该形容词的词义。

4.调研评价及应用

评价结果及应用：15 项 SD 因子的评分均值在 0.59—1.25，从 SD 曲线可见每项独立样本在各评测项上差距较大，总体来说，该区域滨水视域、水质及植被环境较好，但被调查者对于该段滨水景观在活动性、参与度及景观文化融入的效果不甚满意。从整体评分结果来看，使用者对问卷评价三个层面中景观生态要素的评价最高，社会人文要素层面部分评价较低，证明后期规划设计可以从此方向上进行改善。

【项目思政】

合川盐井老街原名河心场，因开井采盐而得名，老街距今已有 700 多年历史。老街上不少传统民居，及 20 世纪 70 年代的供销社老屋等至今仍保存完好。近年来，街道全力打造"嘉陵盐井，时光小镇"新名片，通过推进全域旅游、全域绿化、全域艺术化工程，助力乡村振兴。2021 年 1 月盐井街道与重庆人文科技学院签订了校地合作协议，双方约定建立协同育人平台，并通过 6 个方面启动校地合作，包括梳理盐井文化脉络、提炼盐井文化特色，推出盐井特色产品，设计特色产品包装；采风老街民俗，绘制民俗插画；绘制老街民居建筑；测绘老街地形，绘制老街测绘图；对盐井的生态环境，以及区域人居环境进行调研、规划等，让有着数百年历史的盐井老街有了新的面貌。

【理论研究】

项目三　乡村风景园林绿地规划调研

一、乡村风景园林绿地规划调研要点

乡村风景园林绿地规划是相对城市风景园林绿地

SD 因子	样本1	样本2	样本3	样本4	样本5	样本6	均值
可达性	0.41	1.1	0.79	0.81	1.3	0.63	0.84
视域宽广度	0.63	1.5	0.93	0.46	0.38	0.61	0.75
岸线形态	0.83	0.93	1.03	0.62	0.45	0.78	0.77
亲水性	0.56	1.5	0.87	0.61	0.62	0.42	0.76
景观美感度	0.76	1.12	0.73	0.53	0.57	0.67	0.73
景观和谐度	0.90	0.93	0.76	0.67	0.61	0.57	0.74
植被覆盖率	1.45	0.73	1.12	1.01	0.97	1.02	1.05
植物多样性	1.13	0.63	0.75	0.84	0.71	0.87	0.82
水体水质	1.54	1.55	1.52	1.02	0.93	0.91	1.25
环境整洁度	0.93	1.01	1.07	1.12	0.92	0.97	1.00
文化融合性	0.30	0.73	0.63	0.67	0.66	0.64	0.61
公众参与度	0.47	0.71	0.67	1.12	1.21	0.78	0.69
配套设施安全性	0.51	0.61	0.61	0.83	0.82	0.78	0.69
娱乐活动多样性	0.53	0.60	0.58	0.73	0.61	0.49	0.59

图 2-6　重庆市合川区盐井镇段嘉陵江滨水景观的 SD 分析

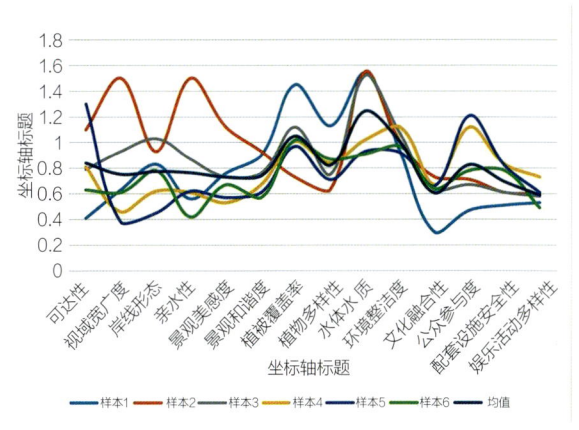

图 2-7　重庆市合川区盐井镇段嘉陵江滨水景观 SD 评价曲线图

规划而言的。两者的区别在于地域划分和规划主体的不同。

乡村风景园林绿地体系是人——自然——社会的复杂系统，乡村风景园林绿地规划涉及的对象是在乡村地域范围内与人类聚居活动有关的空间，它包含了乡村的生活、生产和生态三个层面，并且与乡村的社会、经济、文化、习俗、精神审美密不可分。乡村风景园林绿地规划调研需要与乡村实际相符合。

1. 乡村与自然环境的联系更加紧密

区别于城市与自然环境的远离，乡村与自然环境交融而生，乡村周边的山地森林、草原、湿地、溪谷河流等自然基质都是乡村风景园林绿地系统中的一部分。在进行乡村风景园林绿地规划时，自然环境资源调研是规划成功非常重要的基础，是乡村风景园林绿地规划调研的重点之一。

2. 乡村绿地性质的多元化

乡村生产主要以农业为主，形成包括农、林、牧、副、渔等生产性活动的绿地。这些生产性活动绿地一方面具有很强的生产功能，形成乡村经济产业；另一方面又兼具了社会功能与生态功能。在进行乡村风景园林绿地规划时，生产性绿地的规划应用，一方面强调保持乡村风貌，另一方面有利于乡村产业振兴。乡村生产性活动绿地调研是乡村风景园林绿地规划调研的重要内容。

3. 乡村特色地域文化

在特定的乡村地域上，由于各种因素造就了特色乡村文化，这类文化影响乡村的居住、服饰、饮食、宗教、民俗风情、风水景观等各个领域，是乡村居民活动的历史文化记录，也是在乡村风景园林绿地规划中应凸显及保留的乡村特有风貌。乡村的历史文化、宗教民俗调研是乡村风景园林绿地规划调研的重要内容。

二、乡村风景园林绿地规划调研方法

随着不断推进的城乡一体化发展，我国乡村不断在公共服务上缩小与城市的差距，城乡在绿地规划建设上的差距也在不断改善。乡村绿地分类体系遵循住房和城乡建设部《城市用地分类与规划建设用地标准》（GB50137—2011），与城市绿地系统保持相同的分类方式和规划规范。同时按《镇规划标准》（GB50188—2007）、《村庄整治技术标准》（GB/T50445—2019）、《土地利用现状分类》（GB/T21010—2007）与《城市绿地分类标准》（GJJ/T85—2017）相衔接。

乡村绿地规划分类中仍存在公园绿地、防护绿地、附属绿地的划分。针对这类绿地的规划设计，与城市风景园林绿地规划是一致的。所以，在开展调研时，可采用与城市风景园林绿地规划调研相同的调研内容及调研手段。

乡村绿地规划分类中存在区别于城市风景园林绿地的生态景观绿地。乡村生态景观绿地是指对村庄生态环境质量、居民休闲生活、景观及生物多样性保护有着直接影响的绿地。它包括了生态保护绿地、风景游憩绿地和生产绿地。如自然保护区、水源保护区、生态保护林、森林公园、旅游度假区、风景名胜区、苗圃、花圃、果园等都属于乡村生态景观绿地。（参照《镇（乡）村绿地分类标准》CJJ/T168-2011）

由于乡村风景园林绿地规划与城市风景园林绿地规划，在规划对象的标准及规范上存在重叠与区别，所以乡村风景园林绿地规划调研工作与城市风景园林绿地规划调研在方法上，既有相同的部分，也有不同的部分。

三、乡村风景园林绿地规划调研内容

调查研究并进行基础资料的收集、整理是乡村绿地规划的前期工作。在收集过程中，要弄清楚乡村风景园林绿地发展的自然、社会、历史、文化背景，以及经济发展状况和生态条件，找出发展中需要解决的主要矛盾和问题。因为拥有扎实的第一手资料，才能正确认识规划设计对象，进而制订合乎实际、具有科学性的绿地规划方案，这是乡村风景园林绿地建设工作的必经之路。

乡村风景园林绿地规划除了收集常规的城乡规划基础资料（如地形图、航测照片、遥感影像图、土地利用现状图、行政区划区、电子地图等）外，还需要收集以下资料。

1. 自然环境条件资料

（1）气象资料

主要包括调研区域（大范围）历年及一年中逐月的温度、湿度、降水、蒸发、风向、风速、风力、日照、冰冻期、霜冻期等。

（2）土壤资料

主要包括土壤类型、土层厚度、土壤物理及化学性质、不同土壤分布情况、地下水深度、冰冻线高度等。

（3）地形地貌资料

根据地形图资料收集包括调研区域整体地貌、特殊地形、易受灾区域地形等。

2. 社会条件资料

（1）当地相关史料，地方志，典故，传说，文物保护对象，名胜古迹，革命旧址，历史名人故居，各种纪念地的位置、范围、面积、性质、环境情况及用地可利用程度等。

（2）当地社会发展战略、生产总值、财政收入及产业分布、产值状况、乡村建设特色资料等。

（3）当地建设现状与规划资料、用地与人口规模、道路交通现状与规划、用地评价、土地利用总体规划、风景名胜区规划、旅游规划、农业区划、农田保护规划、林业规划及其他相关规划。

3. 园林绿地资料

（1）当地现有自然林地、景观林地信息，包括范围、面积、性质、质量、植被状况及绿地可利用程度。

（2）当地卫生防护林、农田防护林、水土保持林、水源涵养林范围及质量。

（3）当地是否有风景名胜区、自然保护区、森林公园，其位置、范围、面积与开发现状。

（4）当地现有河湖水系的位置、流量、流向、面积、深度、水质、库容、卫生、岸线情况，污染情况及可利用程度。

（5）当地历史相关规划及其实施情况。

4. 技术经济资料

依据土地利用性质将其分为生产性用地和非生产性用地，其中生产性用地可按照种植类型进行划分，如水稻田、玉米地、油菜地、葡萄园等；非生产性用地可划分为：居民点，指居民居住用地；水域，指天然形成或人工挖掘的水体，包括河流、水库、坑塘等；荒地，指难以利用的土地。需要通过信息收集、整理形成土地利用现状图及用地占比表。

5. 植物资料

（1）当地生物多样性调查。

（2）当地古树名木的位置、数量、名称、年龄、生长状况等资料。

（3）现有植被种类及其对生长环境的适应程度。

（4）主要植被病虫害情况（除常规农作物病虫害以外）。

（5）当地引种驯化植物及科研情况。

四、乡村风景园林绿地规划调研案例

1. 调研项目

重庆市黔江区濯水镇风景园林绿地规划调研。

2. 调研目的

重庆市黔江区濯水镇距离区中心26 km，是一个集土家吊脚楼群落、水运码头、商贸集镇于一体的千年古镇，是国家级历史文化名镇。

自清代后期起，濯水便已成为川东南驿道、商道、盐道的必经之地，是当时该区域重要的商贸地。1956年后，由于种种原因，镇内商贸逐渐萎缩，回到了农业为主的经济模式。随着时代的不断发展，"三农"政策、乡村振兴战略的提出，濯水作为历史文化名镇，兼具优秀景观资源和农业产业，自2013年起被着手打造为黔江区重点旅游开发区。

至2021年，经过8年开发打造，濯水已形成具有一定规模的旅游区。本次调研的目的是，就濯水现有开发状况，进行基于人居环境提升和自然环境保护、修复而开展的园林绿地规划设计基础调研。

3. 调研内容

（1）自然地理资料

濯水镇总体面积105 km^2，蒲花河、乌江支流阿蓬江穿越全镇腹心，伍佛岭山脉和麒麟山系东西对峙，形成了独特的"一江一河一线两山"地形地貌（图2-8）。区域最高峰麒麟山位于麒麟盖，海拔1098 m，最低点蒲花河位于蒲花社区，海拔412 m。属亚热带季风性湿润气候，雨量充沛，气候温和，日照充足，四季分明，年平均气温17℃，年降雨量1161毫米，平均日照1240小时，无霜期260天。

（2）社会条件资料

濯水镇目前在籍人口约为3万。下辖5个社区、4个行政村，镇人民政府驻濯河坝。濯水镇距武陵山机场26 km；距正阳火车站19 km；国道319线、渝怀铁路、渝湘高速公路纵贯全境，紧靠渝湘高速濯水互通口。区域内部乡、村级公路基本覆盖，纵横成网，交通便利。（图2-9）

濯水镇主要经济作物为烤烟、蚕桑。濯水镇畜牧业以饲养生猪、羊及家禽为主。目前，依托农业观光园的建设，其水果种植面积在原有基础上不断扩增至近13.33 km²。

濯水镇区域内有幼儿园8所，小学13所，初中1所。具备濯水中心卫生院。

濯水古镇——蒲花暗河——农业园观光区是黔江区重点旅游发展区域，其旅游资源类型丰富、保留完整，人文自然景观交融，旅游资源优良。

（3）技术经济资料

对濯水镇土地利用情况进行调研。（图2-10）

（4）风景绿地及植物调研

植物调研需要进行合理的样地选择。根据风景园林绿地及植物的调研记录，濯水镇主要公共绿地集中在古镇边缘及镇中区域；大量自然林地随地形与农林用地交叉；区域内随主要道路及城镇建设形成部分防护绿地。区域自然植物群落受城镇建设开发影响较大，镇中心区域（濯河坝）远离自然林地，人工绿地面积不足，植物品种较少，缺乏地域特色，对环境的积极影响不足。（图2-11）

4.调研方法

本次现场调研主要针对4个方面：植物群落、区域产业发展现状、古镇景观空间、居民及游客居住游览环境感受。

（1）植物群落

调研方法：采用样方调查法，以阿蓬江、蒲花

图2-8 濯水镇三维地形图

图2-9 四川濯水古镇景观

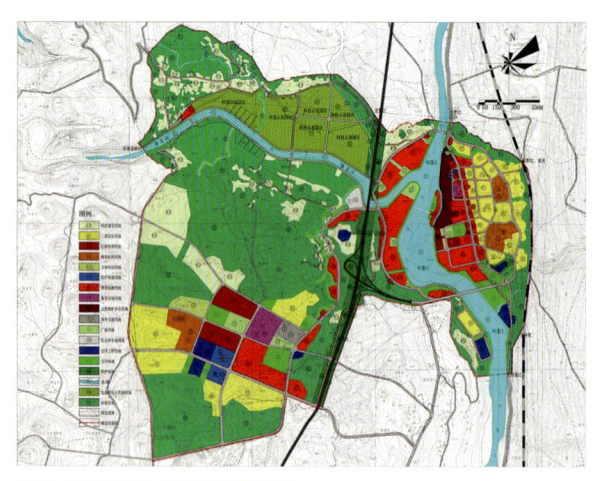

图2-10 濯水镇土地利用现状图

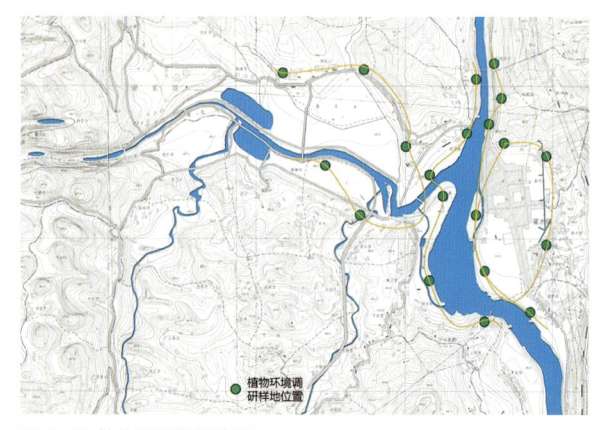

图2-11 植物调研样地选择

为线，以古镇为中心，取样15个样方点进行植物调查，完成植物调查记录表。（图2-12）

采取对比法，对比原生环境植物群落样本与居民区周边植物群落样本，明确差异。

（2）区域产业发展现状

调研方法：走访调查。根据前期收集信息，对规划的农业观光区、蒲花河风景旅游区及周边农、副业进行走访，了解当前区域产业发展状况。（图2-13）

（3）古镇景观空间

调研方法：采用SD法对古镇景观空间及建筑群进行景观评价。（图2-14）

（4）居民及游客居住游览环境感受

调研方法：问卷调查法、走访调查。

针对游客游览感受，结合古镇景观空间评价，进行问卷调查。针对居民居住环境感受，通过走访调查，了解居民实际需求。

5. 调研结果应用

通过调研信息收集、分析，明确以下濯水镇风景绿地改善项，后期进行濯水镇区域风景绿地规划时，应着重考虑解决以下问题：

（1）古镇区域由于建筑夹道空间较窄，风景绿地量少，植物品种较为单一，整体绿化景观质量不高；古镇沿江区域，硬质驳岸贯穿，滨水绿化景观带同样存在绿化质量差的问题；白虎广场作为江心绿地及公共广场，原有绿地设计由于后期绿化管理不足，出现大面积荒废，景观设施损坏严重等问题。

（2）农业光园区已具规模，但是由于疫情及其他因素，部分观光园已经荒废；荒废的农业园区及前期开发的水上乐园，表明现有区域旅游模式，带动旅游发展能力不足。

（3）当地特色区域文化、名人事迹包括保留的故居遗址等传播不足，例如土家族制丝工艺、旧时商贸银楼建筑、部分当地名人故居都隐没在古镇中，常规旅游很容易漏掉这部分历史文化信息。

（4）居民区老街功能分区较乱，在乡村赶集时整体镇内交通受到影响极大，管理无法规范，村容村貌差。

图2-12 植物调研样方取样

图2-13 学生参观农业产业园

图2-14 学生开展古镇景观空间调研

【项目思政】

濯水古镇兴起于唐代，兴盛于宋朝，明清以后逐渐衰落，是渝东南地区最负盛名的古镇之一。濯水古镇街道中段立着一块1 m多高，宽约0.5 m的石碑。石碑阴刻着"天理良心"4个大字。此石碑是武陵山地区极为少见的"道德碑",以警示古镇商贾,经商、为人、处世之道在于"天理良心"。濯水古镇具有浓郁的渝东南古镇格局,它承载着巴文化、土家文化与汉文化的融合、传承与创新,同时码头文化、商贾文化、场镇文化艺术遗存相互交织。

【实践探索】

实训一 校园风景园林绿地规划调研

一、任务提出

针对校园景观绿地进行调研实践,自选调研方式,明确校园景观绿地的功能,从"以人为本、生态优先"的角度分析师生在学习、生活及精神情感上的需求,为校园景观绿地规划设计提供前期材料支撑。

二、任务分析

不限于校园景观在景观质量、景观空间感知、视觉环境质量、植物景观效果等方面展开调研。(任选其一)

三、任务实践

1. 调研对象及内容的明确,可使用图纸等作为辅助。
2. 选择适宜的调研方式,并规划调研过程。
3. 选取合理样本,设计调研问卷。
4. 开展调研活动,进行问卷回收、数据收集。
5. 调研数据分析,获取分析结果,明确结果应用,完成调研报告。

四、任务评价

1. 调研报告内容完整、方式合理、数据准确。
2. 调研过程态度积极、认真、专业。
3. 具有发现问题、分析问题的洞察力和判断力。
4. 有团队协作能力。

实训二 乡村风景园林绿地规划调研

一、任务提出

实践教师选取乡村风景园林绿地调研区域,依据区域实际情况,自选调研方式,进行调研实践。掌握乡村风景园林绿地的属性及特征,增强乡村绿色规划的针对性和有效性,推进落实乡村振兴战略规划,为美丽乡村建设奠定基础。

二、任务分析

包括但不限于对乡村风景园林绿地规划在乡村自然环境资源、乡村产业、乡村居住环境、乡村传统文化等方面的体现展开调研。(任选其一)

三、任务实践

1. 调研对象及内容的明确,进行前期文献、资料查阅。
2. 选择合适调研方式,并规划调研过程。
3. 选取合理样本,设计调查记录表、调研问卷。
4. 开展调研活动,进行调查记录及问卷回收,完成数据收集。
5. 调研数据分析,获取分析结果,明确结果应用,完成调研报告。

四、任务评价

1. 调研报告内容完整、方式合理、数据准确。
2. 调研过程态度积极、认真、专业。
3. 具有发现问题、分析问题的洞察力和判断力。
4. 有团队协作能力。

【知识拓展】

城市荒野

城市中存在以自然而非人为主导的土地,尤其是那些在自然演替过程中呈现出植物自由生长景观的地貌,如自然林地、湿地、无人管理的田园、河流廊道、被遗弃的场地或棕地等。城市荒野是一种最接近自然状态且稳定的生态系统,其具备经济高效的生态服务功能,具有低维护、低影响及可持续性的特点。在完善的生态保护和管理的基础上,城市荒野具有承担教育、医疗、游憩、生态体验等多种城市功能的潜力。它是保障城市和社会健康运转、自我调节的绿色支撑,对于社会树立正确的自然观、认识真实的自然有着重要意义。

模块三

风景园林绿地规划布局

项目一　风景园林绿地规划布局基础
项目二　城市风景园林绿地规划布局
项目三　乡村风景园林绿地规划布局

模块三　风景园林绿地规划布局

【模块简介】

合理的布局形式是推动风景园林绿地规划高质量发展的根本保障。本模块内容重点研究风景园林绿地规划布局基础，包括：城市风景园林绿地规划布局和乡村风景园林绿地规划布局。围绕成渝双城经济圈绿地布局提炼项目思政元素，反映我国西部地区科学发展规划格局。在实践探索环节中，通过绿地布局实训，提升风景园林绿地规划布局的表现力和创造力，落实社会主义核心价值观。

【知识目标】

了解风景园林绿地布局的原则、目的和基本形式；掌握城市风景园林绿地规划布局和乡村风景园林绿地规划布局的类型及方法。

【能力目标】

完成风景园林绿地规划布局，掌握规划布局的基本内容和表现手法。

【思政目标】

尊重客观规律，培育专业思维能力和社会主义核心价值观。

【理论研究】

项目一　风景园林绿地规划布局基础

一、风景园林绿地布局原则

1. 结合城市其他部分的规划综合考虑，全面安排，合理布局。
2. 因地制宜，充分利用城乡道路、山地、水系等自然条件，从实际出发。
3. 各类绿地应均匀分布，服务半径合理。
4. 绿地指标先进，分出近期指标和远期指标。
5. 质量良好，绿地多样化，具备丰富的文化内容、完善的服务设施。
6. 保护环境，体现生态可持续发展。

二、风景园林绿地布局目的

1. 满足方便城乡居民进行文化娱乐、休憩游览的要求。
2. 满足城乡生活和生产活动安全的要求。
3. 达到城乡生态环境良性循环，人与自然和谐发展的目标。
4. 满足城乡景观艺术的要求。

三、风景园林绿地布局形式

城乡绿地体系的规划布局是城乡绿地体系的内部结构和外部表现形式的综合反映，其主要目的是通过合理分布、紧密联系，构成一个城市内外绿地体系，以满足居民文化娱乐、休憩，城市生活和生产活动安全，工业生产防护等方面的综合要求。城乡的自然环境和城乡风貌的差异不仅决定了城乡绿地布局，也是城乡自然和人文特征的体现。结合我国城乡绿地系统的特点，从形式上可以归纳为下列五种。

1. 点状绿地布局

绿地布局方式，可以做到均匀分布，接近居民，但对构成城乡整体艺术面貌作用不大，对改善城乡小气候也不显著，多出现在城乡改建中。

2. 带状绿地分布

利用河湖水系、城市道路、旧城墙等元素，形成纵横向绿带、放射状绿带与环状绿带交织的绿地网。带状绿地布局容易表现城市的艺术面貌。

3. 楔形绿地布局

凡城市中由郊区伸入市中心的由宽到狭窄的绿地，都被称为楔形绿地，一般是利用起伏地形、放射干道等结合市郊农田、防护林布置而成。对于改善城市气候的效果十分显著，其便于城市外围气流的进入，通风效果良好，也有利于城乡艺术面貌的表现。

4.环状绿地布局

一般出现在城市较为外围的地区，多与城市环形交通线配合，在外形上也呈现环形。经常以防护林带、郊区森林、风景游览绿地的形式出现。既可改善城乡生态环境，又可体现园林景观艺术风貌。

5.混合式绿地布局

布局形式的综合运用，可以做到城乡绿地点、线、面结合，形成点网状、放射环状等布局模式，组成独特的绿地布局系统。可以使生活居住区获得最大的绿地接触面，方便居民休息，同时有利于小气候的改善，有利于城乡环境卫生条件的改善，有利于丰富城乡总体与部分的艺术面貌。

风景园林绿地系统规划作为城乡总体规划的专项规划，具有很强的系统性。它需科学合理地统筹各类绿地的布局与规划，融入城乡一体化的绿地系统，从而为充分发挥城乡绿地生态、景观及游憩功能提供规划的依据和保障。

【项目思政】

2021年，《成渝地区双城经济圈建设规划纲要》正式发布，为推动成渝地区高质量发展、在推进新时代西部大开发中更好地发挥支撑作用提供了指南。自黄河流域生态保护和高质量发展上升为重大国家战略后，黄河沿岸的9省区省级黄河流域生态保护和高质量发展规划均已印发实施，推动战略实施的"四梁八柱"基本构建。在新形势下为促进区域协调发展，全面贯彻落实党的二十大精神，坚持尊重客观规律、发挥比较优势、完善空间治理、保障民生底线，风景园林绿地规划布局积极参与国家新发展格局，因地制宜助力地方高质量发展。

【理论研究】

项目二　城市风景园林绿地规划布局

一、城市绿地规划布局要点

1.生态环境保护规划

保护和可持续发展已成为世界各国的紧迫任务，城市环境的改善既要努力降低各类污染，又要注重绿化建设。各城市要有合理的规模、数量和配置形式，使其与功能、形态布局相统一。

2.文化娱乐环境规划

城市绿化要适应人民的需要，创造出适合人们的休闲活动场所，例如城市公园、街头小游园、城市林荫道、广场、居住区公园、小区公园、组团院落绿地、风景名胜、森林公园等。在城市绿地的规划中，首先应从公园的游憩功能入手，合理安排各种休闲娱乐项目，以锻炼身体、消除疲劳、恢复精力，满足游客的好奇心和探索精神；其次，充分利用当地的人文景观，建设旅游景点；再次，充分利用郊区风景优美、气候宜人、空气清新的特点，在疗养区建设休养所，并将运动与娱乐活动相结合，最终形成具有特色的绿地区域。

3.景观功能多元规划

城市绿化是影响城市形象的关键因素之一。在进入城市时，首先要考虑到绿地与绿地之间的关系，并通过合理的设计和植物的排列，将绿地和建筑社区形成一个有机的整体；在城市周边，要尽可能地以天然河流和湖泊为界，在边界上设置公园、浴场、滨水绿带等，营造优美的生态景观；在土地属性上，如工业区、商业区、交通枢纽区、文教区、居住区等，营造具有不同景观效果的绿化景观，以形成各自的风格，并与区内其他景观元素相结合，突出地域特点，丰富城市整体形象。

二、城市各类绿地规划布局

1.公园绿地规划布局

中心城区公园绿地分为五类：综合公园、社区公园、专类公园、带状公园和街旁绿地，且不同种类的服务半径要求不同（表3-1）。主城区公园绿地的布局结构，确保居民户外步行200 m半径内可以到达一个面积不小于400 m²的公园绿地，步行500 m半径内可以到达一个面积不小于5000 m²的公园绿地，步行1000 m半径内可以到达一个面积不小于3 hm²的公园绿地，使公园绿地成为居民户外活动的主要休闲场地。

2. 生产绿地规划布局

生产绿地是城市绿化的重要组成部分，也是苗木的重要输出地，其建设的好坏将直接关系到城市的绿化水平和绿地的品质。2005年《国家园林城市标准》提出，城市建设用地面积超过2%，城市各类绿化美化工程所用苗木自给率须达80%以上，出圃苗木规格、质量符合城市绿化工程需要。

因此，应在城市绿地系统规划中，对生产绿地进行定量的规定，采用多种途径建设、统筹使用，以保证城市绿地建设对苗木的需求。

3. 防护绿地规划布局

防护绿地布局应遵循以下原则：

（1）防护林包括防风林、防火林和隔声林。

（2）沿滨海地区、水源地、河道、排洪沟、溪流等地沿主要排洪河道两岸设置防护绿地，两侧宽度各不少于15 m。如水道两岸是城市的主要水体，两侧需留宽50 m的防护绿地。饮用水源保护区不得纳入建设用地范围。作为饮用水水源的河段两岸不准建设区宽度不少于100 m，水库周边不准建设区的宽度不少于500 m。

（3）主城区内城市干道规划红线外，两侧建筑的后退地带和公路规划红线外侧的不准建筑区，除按城市规划设置人流集散场地外，均应建造绿化防护隔离带。（表3-2）

（4）为了避免噪声和机动车排放的污染，应在城市周边的高速公路两侧修建保护绿地。在高速公路两侧，每侧设置50 m—200 m的绿色防护带，铁路两边的隔离绿带宽各不小于50 m。

（5）文物古迹周边在保护范围内，应与城市绿化相结合，建立起保护作用的林带。

（6）通过城市土地的高压通道，在地下设置安全隔离绿地，并按国家有关行业标准修建高压通道和隔离绿化带。

（7）二、三类工业区外围应营造卫生隔离绿带，结合道路绿化、居住区绿化布置，宽度在30 m以上。

4. 附属绿地规划布局

附属绿地的绿地率指标确定了各类绿地所必须到达的最低标准，各类城市建设用地附属绿地的绿地率要符合国家规定的道路附属绿地率指标。（表3-3）

总之，在具体绿地规划实施时，应从四个方面进行综合考虑：点（公园、花园、游园）、线（街道绿化、休憩林带、滨水绿地）、面（分布广泛的专用绿地）；大、中、小相结合：集中和分散相结合，突出和普遍相结合。通过连接不同类型的城市绿化，形成一个绿色的有机体系。

表3-1 不同类型公园的服务半径

	综合公园	社区公园	专类公园	带状公园	街旁绿地
服务半径	1000 m—2000 m	500 m	不限	200 m	200 m

表3-2 不同道路防护绿带宽度

	铁路	快速干道	城市干道（红线宽度<26 m）	城市干道（26 m≤红线宽度≤60 m）	城市干道（红线宽度>60 m）
防护绿带宽度	50 m	20—50 m	2—5 m	5—10 m	=10 m

表3-3 道路附属绿地率指标

	道路红线宽度>50 m	40 m≤道路红线宽度≤50 m	道路红线宽度<40 m
绿地率	=30%	=25%	=20%

【项目思政】

重庆作为山地城市,在绿地规划布局时应遵循因地制宜、以人为本的建设原则。其结合自然特征,通过解析山、水、林、田、湖的分布情况,利用径流通道串联山系、水系、绿系,再综合采用"净、蓄、滞、渗、用、排"等措施,进而形成"具有山地特色的立体海绵城市"规划布局,最终真正构建起生态宜居的城市环境。

图 3-1 美丽乡村空间布局

【理论研究】

项目三　乡村风景园林绿地规划布局

一、乡村绿地规划布局安排

村庄是一个独立的单元、统一的整体,其又由若干个要素组成。对村庄各要素及其各个个体从总体上进行安排,就是村庄布局。(图3-1)

1.个体布局

需考虑乡村景观的要素个体,包括住宅、庭院、道路、植物、小品设施等在方位上进行布局。(图3-2)

2.整体布局

由个体形成的体现乡村特色、村庄文化,可居住、生活、游玩的乡村景观整体布局。(图3-3)

图 3-2 乡村景观建筑布局

图 3-3 乡村景观整体布局

二、乡村布局的因素

1.地形因素

我国西南地区大部分乡村属于山地地形,地势高低不平,村庄一般选择由高向低布局。(图3-4)

2.气候因素

村庄受温度、光照、空气、水分等自然条件的影响,一般选择背风向阳进行布局设计。

3.地域因素

村庄布局应充分考虑乡村的地域风情、人文习俗,保护乡村文化遗产,不违反乡村居民生活习惯和规律。乡土社会是具有明显地缘特征的,乡村绿地的布局应尊重乡村居民生活习惯、生活规律,地域因素承载着地域文化,是当地人类活动智慧的结晶。(图3-5、图3-6)

图 3-4 背高向低的村庄布局

图 3-5 世界文化遗产"中国画里乡村"——宏村古村落

4.交通因素

村庄的合理布局必须首先考虑快捷、安全、舒适的交通条件，村庄节点需要和相关道路规划综合考虑。（图3-7、图3-8）

三、乡村绿地布局的类型

目前，我国的乡村布局形式多样化，主要表现有都市型、山水型、民俗型三种。

1.都市型

乡村从整体上呈现出都市的模式，整体布局框架通过道路系统体现。功能上满足居住、工业、商业和文化交流等，住宅布局方向基本统一，建筑的材料和造型均采用现代风格为主。（图3-9）

2.山水型

乡村布局以尊重自然为首要原则，遵循自然运动规律来布置和建设村庄。在这个过程中，使住宅、庭院、道路、树木和设施等与山岭、水域进行合理搭配，从而形成一个有机整体。这类村庄通常根据自然地形而建，充分体现了村庄与田园山水融合的境界。其建筑采用传统建筑风格，高低错落，融入了传统元素，极富美感。（图3-10）

3.民俗型

形成充满地方民俗的特色村庄。这类村庄一般依据当地生活习惯来布置村庄，以当地建筑风格来建设村庄，以当地民风民俗来营造村庄。（图3-11）

四、乡村绿地布局的方法

乡村绿地空间布局分为生产区域、居住区域、集会区域和交通区域。

图3-6 尊重乡村居民生活习惯

图3-7 乡村道路

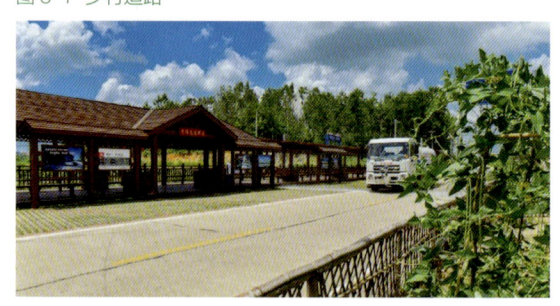

图3-8 乡村交通设施

图3-9 都市型

图3-10 山水型

图3-11 民俗型

1.生产区域

通常来说,生产区域是美丽乡村建设中面积最大的区域,是经济发展的保障。(图3-12、图3-13)

2.居住区域

美丽乡村村民居住点一般以院落形式为主,除了对村屋外立面的改造以外,户前和屋后的改造也是提升景观效果的一个重要方向。(图3-14至图3-16)

3.集会区域

设计上可以增设村民活动广场、大戏台等区域供人们休憩、集会、交流。有效满足村民的精神文化需求,提高村民生活的幸福感。(图3-17至图3-19)

图3-12 传统农业生产区

图3-13 无人机航飞智慧农业区

图3-14 美丽乡村居住区

图3-15 村屋外立面景观提升

图3-16 重庆彭水旧房整治提升乡村颜值

图3-17 乡村活动广场

图3-18 乡村舞台

图3-19 村民健身场地

4.交通区域

在保证行车行人安全的情况下，重点打造道路两旁的景观氛围，以营造植物意境为主。（图3-20、图3-21）

【项目思政】

党的十九大报告首次提出实施乡村振兴战略。四川地区在此背景下，合理进行了农村绿地规划布局，改善农村人居环境，把建设美丽宜居乡村作为实施乡村振兴战略的一项重要任务。自2021年起，四川全面启动"美丽四川·宜居乡村"建设行动，通过绿地规划布局来促进生态宜居、弘扬乡风文明、落实治理有效、带动产业兴旺、保障公平公正，进而不断推动农业全面升级、农村全面进步、农民全面发展。

图 3-20 乡村生活道路

图 3-21 乡村田间小道

【实践探索】

风景园林绿地规划布局

一、任务提出

围绕美丽中国建设发展，选择一处风景园林绿地完成科学的规划布局。

二、任务分析

思考新时代背景下，城市及乡村风景园林绿地规划布局的新思路、新要求，尊重客观规律，树立社会主义核心价值观。

三、任务实践

风景园林绿地规划布局，完成方案设计图纸，具体要求如下：

1. 了解项目绿地的性质及功能需求。
2. 完成风景园林绿地布局草图构思。
3. 完成风景园林绿地布局总平面图。
4. 完成风景园林绿地的植物种植布局。
5. 完成风景园林绿地规划布局设计说明。

四、任务评价

1. 分析风景园林绿地性质的正确性及功能需求的合理性。

2. 风景园林绿地布局构思思路清晰，符合社会发展客观规律，有创新精神。

3. 图纸表达准确、美观，具有科学性。

4. 设计说明内容完整，体现社会主义核心价值观。

【知识拓展】

弹性景观

在物理学中，弹性是一个古老的概念，它指物体受到外力作用后发生变形，外力解除后变形会得到一定程度恢复的性质。同时，弹性概念为风景园林学带来了新视角，即研究通过发挥风景园林的优势，使不同尺度的建成环境具有更强的适应能力，打造城市中用于抵抗自然灾害、维持城市生态系统稳定的重要韧性空间，其既注重自然生态系统的自我修复能力，又强调人的参与性。通过合理设计城市的弹性景观板块，将不同功能的生态空间与雨水管理、生物栖息、公共休闲及审美需求相结合，从而为城市生态环境搭建起重要的生态屏障。

模块四

城市园林绿地规划解析

项目一　城市道路绿地规划
项目二　城市广场绿地规划
项目三　城市居住区绿地规划
项目四　单位附属绿地规划
项目五　城市公园绿地规划
项目六　风景区绿地规划

模块四　城市园林绿地规划解析

【模块简介】

城市风景园林绿地规划是城市总体规划的一个重要组成部分，合理安排绿地是指导城市绿地详细规划和建设管理的依据。本模块内容重点解析各类城市风景园林绿地规划的具体内容，包括：城市道路绿地规划、城市广场绿地规划、城市居住区绿地规划、单位附属绿地规划、城市公园绿地规划和风景区绿地规划。围绕科技创新、大国工匠、生态文明、绿色发展、文化自信方面等挖掘项目思政元素，提炼城市绿地系统中的科学规律、时代精神和爱国情怀。在实践探索环节中，通过城市风景园林绿地规划设计实训，培养风景园林绿地规划设计的综合能力和高阶思维。

【知识目标】

理解城市道路、城市广场、城市居住区、单位附属绿地、城市公园及风景区绿地规划设计的基本类型、特征和设计原理；掌握城市道路、城市广场、城市居住区、单位附属绿地、城市公园及风景区绿地规划设计的基本内容和方法。

【能力目标】

完成城市风景园林绿地规划设计，掌握规划设计的基本内容和表现手法。

【思政目标】

在城市绿地规划中，感受大国精神、中华优秀传统文化，学习习近平生态文明思想，弘扬以改革创新为核心的时代精神和以爱国主义为核心的民族精神。

【理论研究】

项目一　城市道路绿地规划

一、城市道路的分类

1.按交通类型分：高速干道、快速干道、交通干道、区干道、支路、专用道路

（1）高速干道：一般在特大城市、大城市设置。为城市各大区之间远距离高速交通服务，距离20 km—60 km。

（2）快速干道：一般在特大城市、大城市设置。为城市各分区间较远距离的交通服务，距离10 km—40 km，外侧有停车道、自行车道、人行道。

（3）交通干道：构成大、中城市道路系统的骨架，城市各用地分区之间的常规交通道路，道路两侧不宜有较密的出入口。

（4）区干道：在工业区、仓库码头区、居住区、风景区及市中心地区等分区内均存在。

（5）支路：小区街坊内道路，工业小区、仓库码头区、居住小区、街坊内部直接连接工厂、住宅群、公共建筑的道路，路宽与断面变化较大。

（6）专用道路：城市交通规划为特殊要求设置的公共汽车专用道路、自行车专用道路，以及城市绿地系统中和商业集中地区的步行林荫路等。

2.按街道景观特征分：交通性街道、生活性街道、商业步行街道

（1）交通性街道：满足交通功能的各类街道，包括机动车道、非机动车道、人行道等。（图4-1）

图4-1　交通性街道

图 4-2 生活性街道

图 4-3 商业步行街道

（2）生活性街道：为城市各个功能区内的交通提供服务，其主要目的是让功能区内的人流和物流能够安全、方便地从一地到达另一地，注重非机动车和行人的安全与便捷。关注人们日常生活和邻里交往，具备熟悉性、易读性、独特性、可达性、舒适性与安全性。（图4-2）

（3）商业步行街道：以大量的零售业、服务业商店作为主体，将这些主体集中于一定的地区，构成有一定长度的街道，是城市中商业活动集中的街道。（图4-3）

二、城市道路绿地断面布局

城市道路绿化断面布置形式是规划设计所用的主要模式，常用的有一板二带式、二板三带式、三板四带式、四板五带式。

1.一板二带式

一条车行道，二条绿带，这是道路绿化中最常用的一种形式。中间是车行道，在车行道两侧与人行道分割线上种植行道树。其优点是：简单整齐，用地经济，管理方便。但当车行道过宽时行道树的遮阴效果较差，不利于机动车辆与非机动车辆混合行驶时交通管理。（图4-4）

2.二板三带式

即分成单向行驶的两条车行道和两条行道树，中间以一条分车绿带分隔。这种形式适于宽阔道路，优点是绿带数量较大，生态效益较显著，多用于高速公路和城市道路。但各种不同的车辆，同向混合行驶，该种道路模式还不能完全解决互相干扰的矛盾。（图4-5）

3.三板四带式

利用两条分车绿带把车行道分成三块，中间为机动车道，两侧为非机动车道，连同车行道两侧的行道树共有四条绿带。此种形式虽占地面积大，却是城市道路绿化较理想的形式，其绿化量大，夏季庇荫效果较好，组织交通方便，安全可靠，解决了各种车辆混

图 4-4 一板二带式

图 4-5 两板三带式

合行驶时互相干扰的矛盾，尤其在非机动车辆多的情况下此种道路形式更为适宜。（图4-6）

4.四板五带式

利用三条分车绿带将车道分为四条，共有五条绿化带，使机动车与非机动车辆均形成上行、下行各行其道、互不干扰的形式，保证了行车速度和交通安全。若城市交通较繁忙，而用地又比较紧张时，则可用栏杆分隔，以便节约用地。（图4-7）

三、城市道路绿地规划设计原则

1.和谐统一原则

道路绿化景观要融入周围环境，且与周围建筑、道路、桥梁、水体及其他城市景观统一和谐。

2.安全通行原则

道路绿化应符合行车视线和行车净空要求。

3.因地制宜原则

道路根据现状，因地制宜，在满足景观需要的前提下，最大限度地利用现有地形、地貌、环境形成景观。选择适应道路环境条件、生长稳定、观赏价值高的植物种类，合理考虑提供娱乐活动、生态休闲的功能，植物种植应适地适树，突出自己的景观特色。

4.绿地指标原则

园林景观道路绿地率不得小于40%，红线宽度大于50 m的道路绿地率不得小于30%。红线宽度40 m—50 m的道路绿地率不得小于25%。红线宽度小于40 m的道路绿地率不得小于20%。种植乔木的分车绿带宽度不小于1.5 m，主干路上的分车绿带宽度不小于2.5 m，行道树绿带宽度不小于1.5 m，不能将主、次道路中间分车绿带和交通岛绿地布置成开放式绿地，路侧绿带可集中布置在条件较好的一侧。

5.古树保护原则

修建道路时宜保留有价值的原有树木，对古树名木应予以保护。

6.排水通畅原则

道路绿地应根据需要配备灌溉设施；道路绿地的

图4-6 三板四带式

图4-7 四板五带式

坡向、坡度应符合排水要求并与城市排水系统结合，防止绿地内积水和水土流失。

7.协调性原则

协调保护与开发、景观与生态、投入与产出、建设与养护的多重关系，保证道路绿化体系的可持续发展。协调道路沿线各功能地块的总体景观建设，保证城市绿化体系结构得以良性发展，道路绿化应远近结合、经济与美观结合。

四、城市道路绿地规划设计

1.行道树设计

行道树是指种在道路两旁及分车带的，给车辆和行人遮阴并构成街景的树种，具有补充氧气、净化空气、美化城市、减少噪声等功能。

行道树的种植方式分为：树带式和树池式。

（1）树带式：在人行道和车行道之间留出一条不加铺装的种植带，种植带在人行横道处或人流比较集中的公共建筑的前面中段。种植带的宽度视具体情况而定，我国常见种植带宽度的最低限度为 1.5 m，除种一行乔木用来遮阴外，在行道树株距之间还可种绿篱，以增强防护效果；宽度为 2.5 m 的种植带可种一行乔木，并在靠近车行道的一侧再种一行绿篱；6 m 宽的种植带就可交错种植两行乔木，或一行乔木两排绿篱，靠车行道一侧以防护为主，近人行道的一侧以观赏为主，中间空地还可种一些开花灌木，以及一些草本花卉或草皮；宽度 10 m 以上的种植带，种植的树种可以多样化，甚至可以根据需要布置成花园林荫路。（图 4-8）

（2）树池式：这是在人行道狭窄或行人过多的街道上经常采用的一种行道树种植方式，形状可方可圆，其边长或直径不得小于 1.5 m，长方形树池的短边不得小于 1.2 m，圆形常用于道路圆弧转弯处。行道树的栽植位置应位于树池的几何中心，从树干到靠近车行道一侧的树池边缘不小于 0.5 m，距车行道缘石的长度不小于 1 m。为了防止行人踩踏池土，影响水分渗透和土壤空气流通，可以把树池周边做得高出人行道 8 cm—10 cm，在不能保证按时浇水或缺雨地区，常把树池做得和人行道相平，池土稍低于路面，这样做一方面便于雨水流入，另一方面避免池土流出污染路面，如能在树池上铺设透空的保护池盖则效果更为理想。池盖一般由金属或水泥预制板做成，经久耐用，样式美观，属于人行道路面铺装材料的一部分，既可以增加人行道的有效宽度、减少裸露土壤，有利于环境卫生和管理，同时又可以美化街景。（图 4-9）

2.人行道绿化带设计

人行道绿化带是指车行道与建筑红线间的绿化区域，它是城市道路绿化中的一个重要部分。为了确保行人和建筑物在道路上的视野不受植物的影响，在人行道上栽植的树木必须保持一定的间距，这样做还可以维持植物生长所需的养分。一般情况下，株距不应小于树冠直径的 2 倍，雪松、柏树等易遮挡视线的常绿树，为使其不遮挡视线，其株距应为树冠冠幅的 4—5 倍。（图 4-10、4-11）

图 4-8 行道树树带式种植

图 4-9 行道树树池式种植

图 4-10 南方城市香樟作为行道树

图 4-11 北方城市毛白杨作为行道树

行道树种的选择原则：

（1）以乡土树种为主，并反映城市特色。

（2）考虑遮阳要求。从长江以南，逐渐增加常绿阔叶树的比例，适当配置落叶树；长江以北则应逐渐增加落叶阔叶树的比例，适当配置耐寒性常绿树。

（3）选择无飞絮、无浆果、树干无刺的深根型树种。

（4）选择树干分枝点高、冠大荫浓的大乔木。

（5）苗木胸径：速生树不得小于5 cm，慢生树不宜小于8 cm。

我国南北方常见行道树树种如表4-1。

表4-1 我国南北方常见行道树树种

南方常见行道树种					
序号	植物名称	科属	生态习性	季相	分布地
1	二球悬铃木	悬铃木科 悬铃木属	喜光，不耐阴，生长迅速、成荫快，喜温暖湿润气候，对土壤要求不严，耐干旱、瘠薄，亦耐湿。	秋色叶	中国东北、北京以南各地均有栽培，尤以长江中、下游各城市为多见。
2	南洋杉	南洋杉科 南洋杉属	喜气候温暖，不耐寒，忌干旱，要求疏松肥沃、腐殖质含量较高、排水透气性强的土壤。	常绿	我国广州、海南岛、厦门等。
3	榉树	榆科 榉属	阳性树种，喜温暖环境。适生于深厚、肥沃、湿润的土壤，对土壤的适应性强，抗风力强。忌积水，不耐干旱和贫瘠。	秋色叶	产于中国华中、华南、西南各省区市及朝鲜半岛、日本等。
4	黄葛树	桑科 榕属	喜温暖、高温湿润气候，耐旱而不耐寒。抗风、抗大气污染，耐瘠薄，对土质要求不严，生长迅速，萌发力强，易栽植。	落叶树	分布于重庆、广东、海南、广西、陕西、湖北、四川、贵州、云南。
5	鹅掌楸	木兰科 鹅掌楸属	喜光及温和湿润气候，有一定的耐寒性，喜深厚肥沃、适湿而排水良好的酸性或微酸性土壤。	秋色叶	产于陕西、安徽以南，西至四川、云南，南至南岭山地。
6	香樟	樟科 樟属	樟树多喜光，稍耐阴；喜温暖湿润气候，耐寒性不强，适于生长在砂壤土，较耐水湿，但不耐干旱、瘠薄和盐碱土。主根发达，深根性，能抗风。萌芽力强，耐修剪。生长速度中等，树形巨大如伞，能遮阴避凉。有很强的吸烟滞尘、涵养水源、固土防沙和美化环境的能力。	常绿树	产于中国南方及西南各地。在四川省宜宾地区的分布范围最广。主要培育繁殖基地有江苏沭阳、浙江、安徽等地。
7	榕树	桑科 榕属	喜欢温暖、高湿、长日照、土壤肥沃的生长环境，耐瘠、耐风、抗污染、耐剪、易移植、寿命长。	常绿树	主要分布于广东省、广西壮族自治区、贵州省、云南省和中国台湾地区。

续表

南方常见行道树种					
序号	植物名称	科属	生态习性	季相	分布地
8	复羽叶栾	无患子科栾属	对土壤要求不严，深根性，主根发达，抗风力强，萌蘖能力强，不耐干旱、瘠薄、修剪；对二氧化硫和烟尘有较强的抗性。	秋色叶	分布于中国云南、贵州、四川、湖北、湖南、广西、广东等地。
9	龙眼	无患子科龙眼属	喜温暖湿润气候，阳性树种，对土壤的适应性很强。	夏季观果	龙眼原产于中国南部地区，分布于福建、台湾、海南、广东、广西、云南、贵州、四川等省（区），主产于福建、台湾、广西。
10	荷花木兰	木兰科北美木兰属	喜光，而幼时稍耐阴。喜温湿气候，有一定抗寒能力。适生于干燥、肥沃、湿润与排水良好微酸性或中性土壤，对烟尘及二氧化硫气体有较强抗性，病虫害少。根系深广，抗风力强。	夏季观花	分布于中国大陆的长江流域及以南，是江苏省常州市、南通市、镇江市、连云港市，安徽省合肥市、六安市，浙江省余姚市的市树。
11	蓝花楹	紫葳科蓝花楹属	好温暖气候，宜种植于阳光充足的地方。对土壤条件要求不严，在一般中性和微酸性的土壤中都能生长良好。	夏季观花	原产于南美，我国南方地区引种栽培，广东（广州）、海南、广西、福建、云南南部（西双版纳）。
12	天竺桂	樟科樟属	中性树种，喜温暖湿润气候，在排水良好的微酸性土壤上生长最好。对二氧化硫抗性强。	常绿树	分布于中国东南部，以及武汉、沙市、黄石、宜昌、南昌、景德镇、吉安等。
13	玉兰	木兰科玉兰属	喜温暖湿润气候和肥沃疏松的土壤，喜光。不耐干旱，也不耐水涝。对二氧化硫、氯气等有毒气体抗性强。	春季观花	中国福建、广东、广西、云南等省区栽培极盛。
14	白千层	桃金娘科白千层属	喜温暖潮湿环境，要求阳光充足，适应性强，能耐干旱高温及瘠瘦土壤，对土壤要求不严。	夏季观花	中国广东、台湾、福建、广西等地区均有栽种。
15	木棉	锦葵科木棉属	喜温暖干燥和阳光充足环境。不耐寒，稍耐湿，忌积水。耐旱，抗污染、抗风力强，深根性，速生，萌芽力强。以深厚、肥沃、排水良好的中性或微酸性砂质土壤为宜。	春季观花	产于云南、四川、贵州、广西、江西、广东、福建、台湾等地。
16	重阳木	叶下珠科秋枫属	较喜光，稍微耐阴。适应性比较强，可以耐干旱也可以耐水湿。具有一定的抗寒能力。	落叶树	产于秦岭、淮河流域以南至福建和广东的北部，在长江中下游平原常见。

续表

南方常见行道树种					
序号	植物名称	科属	生态习性	季相	分布地
17	红花羊蹄甲	豆科 羊蹄甲属	性喜温暖湿润、多雨、阳光充足的环境，喜土层深厚、肥沃、排水良好的偏酸性砂质壤土。适应性强，有一定耐寒能力，生长迅速，萌芽力和成枝力强，分枝多，极耐修剪。	春季观花	分布于中国南方地区。常见于福建、广东、海南、广西、云南等地。
18	蒲桃	桃金娘科 蒲桃属	耐水湿植物，性喜暖热气候，属于热带树种。喜生河边及河谷湿地。喜光、耐旱瘠和高温干旱，对土壤要求不严、根系发达、生长迅速、适应性强，以肥沃、深厚和湿润的土壤为最佳。	常绿树	在中国台湾、福建、广东、广西、贵州、云南、四川、海南等地有栽培。
19	垂柳	杨柳科 柳属	喜光，喜温暖湿润气候及潮湿深厚之酸性及中性土壤。较耐寒，特耐水湿，萌芽力强，根系发达，生长迅速。根系发达，对有毒气体有一定的抗性，并能吸收二氧化硫。	春季观叶	产于长江流域与黄河流域，其他各地也有栽培，主要分布于浙江、湖南、江苏、安徽等地。
20	无患子	无患子科 无患子属	喜光，稍耐阴，耐寒能力较强。对土壤要求不严，深根性，抗风力强。不耐水湿，能耐干旱。生长较快，对二氧化硫抗性较强。	秋色叶	原产于中国长江流域以南各地，中国东部、南部至西南部均有栽培。
21	合欢	豆科 合欢属	喜温暖湿润和阳光充足环境，对气候和土壤适应性强，宜在排水良好、肥沃土壤上生长，耐瘠薄土壤和干旱气候，不耐水涝。生长迅速，耐寒、耐旱、耐土壤瘠薄及轻度盐碱，对二氧化硫、氯化氢等有害气体有较强的抗性。	夏季观花	我国黄河流域至珠江流域亦有分布。分布于华东、华南、西南以及辽宁、河北、河南、陕西等地。
22	凤凰木	豆科 凤凰木属	喜高温多湿和阳光充足环境，不耐寒。以深厚肥沃、富含有机质的砂质土壤为宜；怕积水，排水须良好，较耐干旱；耐瘠薄土壤。	夏季观花	我国云南、广西、广东、福建、台湾等地均有栽培。
23	女贞	木樨科 女贞属	耐寒性好，耐水湿，喜温暖湿润气候，喜光耐荫。为深根性树种，须根发达，生长快，萌芽力强，耐修剪，但不耐瘠薄。对大气污染的抗性较强，对二氧化硫、氯气、氟化氢及铅蒸气均有较强抗性，也能忍受较高的粉尘、烟尘污染。对土壤要求不严。	常绿树	产于长江以南至华南、西南各地，向西北分布至陕西、甘肃。

续表

南方常见行道树种					
序号	植物名称	科属	生态习性	季相	分布地
24	美丽异木棉	锦葵科 吉贝属	喜光而稍耐阴,喜高温多湿气候,略耐旱瘠,忌积水,对土质要求不苛,但以土层疏松、排水良好的砂壤土或冲击土为佳;抗风、速生、萌芽力强。栽植约6年便可开花。	冬季观花	在中国广东、福建、广西、海南、云南、四川等南方城市广泛栽培。
25	朴树	榆科 朴属	喜光和温暖湿润气候,适生于肥沃平坦之地。对土壤要求不严,有一定耐干旱能力,亦耐水湿及瘠薄土壤,适应力较强。	落叶树	分布于淮河流域、秦岭以南至华南各地,长江中下游和以南诸地以及台湾,主要培育繁殖基地有江苏、浙江、湖南、安徽等地。
26	七叶树	无患子科 七叶树属	喜光,稍耐阴;喜温暖气候,也能耐寒;喜深厚、肥沃、湿润而排水良好之土壤。深根性,萌芽力强。	落叶树	河北南部、山西南部、陕西南部均有栽培。
27	喜树	蓝果树科 喜树属	喜光,不耐严寒、干燥。深根性,萌芽力强。较耐水湿,在酸性、中性、微碱性土壤上均能生长,在石灰岩风化土及冲积土上生长良好。	落叶树	在江苏南部、浙江、福建、江西、湖北、湖南、四川、贵州、广东、广西、云南等省区,以及四川西部成都平原和江西东南部均较常见。
28	刺桐	豆科 刺桐属	性强健,萌发力强,生长快,喜温暖湿润、光照充足的环境,耐旱也耐湿,对土壤要求不严,喜肥沃排水良好的砂壤土;抗风力弱,能抗污染,不耐寒,稍耐阴。	夏季观花	浙江、云南、四川、山西、山东、陕西、宁夏、辽宁、吉林、江西、江苏、湖南、湖北、河南、黑龙江、河北、贵州、广西、广东、甘肃、福建、安徽、香港、台湾等地均有分布。
29	杜英	杜英科 杜英属	喜温暖潮湿环境,耐寒性稍差。稍耐阴,根系发达,萌芽力强,耐修剪。喜排水良好、湿润、肥沃的酸性土壤,对二氧化硫抗性强。	秋色叶	广东、广西、福建、台湾、浙江、江西、湖南、云南以及贵州南部均有分布。
30	木樨	木樨科 木樨属	喜温暖,抗逆性强,既耐高温,也较耐寒。桂花对氯气、二氧化硫、氟化氢等有害气体都有一定的抗性,还有较强的吸附粉尘的能力。	秋季观花	中国四川、陕南、云南、广西、广东、湖南、湖北、江西、安徽、河南等地均有栽培,其适生区北可抵黄河下游,南可至两广、海南等地。

续表

北方常见行道树种					
序号	植物名称	科属	生态习性	季相	分布地
1	毛白杨	杨柳科杨属	深根性,在耐旱力较强,黏土、壤土、砂壤土上或低湿轻度盐碱土均能生长。在水肥条件充足的地方生长最快,是中国速生树种之一。	落叶树	分布广泛,在辽宁(南部)、河北、山东、山西、陕西、甘肃、河南、安徽、江苏、浙江等地均有分布。
2	槐	豆科槐属	耐寒,喜阳光,稍耐阴,不耐阴湿而抗旱,在低洼积水处生长不良,深根,对土壤要求不严,较耐瘠薄,耐烟尘,能适应城市街道环境。	落叶树	在不少国家都有引种,尤其在亚洲;原来在中国北部较为集中,北自辽宁、河北,南至广东、台湾,东自山东,西至甘肃、四川、云南。
3	刺槐	豆科刺槐属	喜光,不耐庇荫。萌芽力和根蘖性都很强。对水分条件很敏感,在地下水位过高、水分过多的地方生长缓慢,在积水、通气不良的黏土上生长不良,甚至死亡。	落叶树	甘肃、青海、内蒙古、新疆、山西、陕西、河北、河南、山东等地均有栽培。
4	白花泡桐	泡桐科泡桐属	喜温凉气候,不耐寒,速生。为强阳性树种,不耐庇荫。根近肉质,分布深广,有上下两层。不宜在黏重土壤上生长,喜疏松深厚、排水良好的土壤,不耐水涝。	落叶树	在中国北起辽宁南部、北京、延安一线,南至广东、广西,东起台湾,西至云南、贵州、四川都有分布。
5	梧桐	梧桐科梧桐属	梧桐树是喜光植物,喜温暖气候,不耐寒。适生于肥沃、湿润的砂质壤土,喜碱。根肉质,不耐水渍,深根性,植根粗壮;萌芽力弱,一般不宜修剪。生长尚快,寿命较长,能活百年以上。	秋色叶	原产地中国,华北至华南、西南广泛栽培,尤以长江流域为多。
6	白蜡	木樨科梣属	喜光,稍耐阴;喜温暖湿润气候,颇耐寒,喜湿耐涝,也耐干旱。对土壤要求不严,在碱性、中性、酸性土壤上均能生长;抗烟尘,对二氧化硫、氯气有较强抗性。萌芽、萌蘖力均强,耐修剪;生长较快,寿命较长。	落叶树	在中国东北中南部经黄河流域、长江流域,南达广东、广西,东南至福建,西至甘肃均有分布。
7	银杏	银杏科银杏属	银杏树具有抗寒,喜光,根深,发芽力强的特点。喜温凉湿润,土壤深厚,土壤肥沃,砂质土壤,排水良好,酸度适中的环境抗旱性强,但不耐水涝,对空气污染有一定的抵抗力。	秋色叶	北达辽宁省沈阳,南至广东省的广州,东南至中国台湾地区的南投,西抵西藏自治区的昌都,东到浙江省的舟山普陀岛。主要分布在山东、浙江、安徽、福建、江西、河北、河南、湖北、江苏、湖南、四川、贵州、广西、广东、云南。

续表

北方常见行道树种						
序号	植物名称	科属	生态习性	季相	分布地	
8	二乔玉兰	木兰科玉兰属	喜光，适合生长于气候温暖地区，不耐积水和干旱。喜中性、微酸性或微碱性的疏松肥沃的土壤以及富含腐殖质的砂质土壤，但不能生长于石灰质土壤中。	春季观花	北起北京，南达广东，东起沿海各地，西至甘肃兰州、云南昆明等地。	
9	合欢	豆科合欢属	喜温暖湿润和阳光充足环境，对气候和土壤适应性强，宜在排水良好、肥沃土壤生长，但也耐瘠薄土壤和干旱气候，但不耐水涝，生长迅速。对二氧化硫、氯化氢等有害气体有较强的抗性。	夏季观花	分布于华东、华南、西南等区域，以及辽宁、河北、河南、陕西等省。	
10	榆树	榆科榆属	阳性树种，喜光，耐旱，耐寒，耐瘠薄，不择土壤，适应性很强。根系发达，抗风力，保土力强。萌芽力强，耐修剪。生长快，寿命长。能耐干冷气候及中度盐碱，但不耐水湿（能耐雨季水涝）。具抗污染力，叶面滞尘能力强。	落叶树	分布于中国东北、华北、西北及西南各地。	
11	枫杨	胡桃科枫杨属	喜深厚肥沃湿润的土壤，喜光树种，不耐庇荫。耐湿性强，但不耐长期积水和水位太高之地。深根性树种，主根明显，侧根发达。萌芽力很强，生长很快。对有害气体二氧化硫及氯气的抗性弱。	落叶树	产于中国陕西、河南、山东、安徽、江苏、浙江、江西、福建、台湾、广东、广西、湖南、湖北、四川、贵州、云南，在长江流域和淮河流域最为常见，华北和东北仅有栽培。	
12	白桦	桦木科桦木属	喜光，不耐阴。耐严寒。对土壤适应性强，喜酸性土，在沼泽地、干燥阳坡及湿润阴坡都能生长。深根性，耐瘠薄，生长较快，萌芽强，寿命较短。	落叶树	产于中国河南、陕西、宁夏、甘肃、青海、四川、云南、西藏东南部。	
13	元宝枫	槭树科槭属	元宝枫属深根性树种，萌蘖力强，寿命较长；较喜光，稍耐阴，喜侧方庇荫，适温凉湿润气候，较耐寒。耐旱，不耐涝。对土壤要求不严，生长速度中等，病虫害较少。对二氧化硫、氟化氢的抗性较强，吸附粉尘的能力亦较强。	秋色叶	广布于东北、华北，西至陕西、四川、湖北，南达浙江、江西、安徽等省。	
14	臭椿	苦木科臭椿属	喜光，不耐阴。适应性强，适生于深厚、肥沃、湿润的砂质土壤。耐寒，耐旱，不耐水湿，长期积水会烂根死亡。深根性。对氯气抗性中等，对氟化氢及二氧化硫抗性强。生长快，根系深，萌芽力强。	落叶树	分布于中国北部、东部及西南部，东南至中国台湾地区。	

续表

北方常见行道树种					
序号	植物名称	科属	生态习性	季相	分布地
15	紫叶李	蔷薇科李属	紫叶李喜阳光、温暖湿润气候，有一定的抗旱能力。对土壤适应性强，不耐干旱，较耐水湿，但在肥沃、深厚、排水良好的黏质中性、酸性土壤中生长良好，不耐碱。以砂砾土为好，在黏质土亦能生长，根系较浅，萌生力较强。	常色叶	中国华北及其以南地区广为种植。
16	香椿	楝科香椿属	香椿喜光，较耐湿，适宜生长于河边、宅院周围肥沃湿润的土壤中，一般以砂壤土为好。适宜的土壤酸碱度为pH5.5—8.0。	春色叶	产于陕西、贵州和云南，生于山坡或溪旁。

人行道绿化带作为街道景观的一个重要组成部分，对街道面貌、街景的季节变迁具有明显的影响。人行道绿化可以分为规则式、自然式和混合式三种。选择采取何种形态时，除地形条件外，还要考虑乔木搭配、前后层次的管理、单株和丛生（株）间的交替栽植节奏的改变等。

3.分车绿带设计

分车绿带是车行道之间可以绿化的分隔带，包括两侧分车绿带和中央分车绿带。

（1）两侧分车绿带宽度大于或等于1.5 m的应以种植乔木为主，或宜将乔木、灌木、地被植物相结合，但其两侧乔木树冠不宜在机动车道上方搭接。

（2）中央分车绿带应阻挡相向行驶车辆的眩光，在距相邻机动车道路面高度0.6 m—1.5 m之间的范围内，配置植物的树冠应常年枝叶茂密，其株距不得大于冠幅的5倍。（图4-12）

图4-12 分车绿带

4.路侧绿带设计

路侧绿带应根据相邻用地性质，以及防护和景观要求进行设计，并应保持路段内的连续与完整的景观效果。（图4-13）

图4-13 路侧绿带

路侧绿带宽度大于 8 m 时，可以设计成开放式绿地。开放式绿地中，绿化用地面积不得小于该段绿带总面积的 70%。路侧绿带与毗邻的其他绿地一起作为街旁游园时，其设计应符合现行行业标准《公园设计规范》（GB 51192—2016）的规定。

临近江、河、湖、海等水体的路侧绿地，应结合水面与岸线地形设计成滨水绿带。滨水绿带的绿化应在道路和水面之间留出透景线。（图 4-14）

道路护坡绿化应结合工程措施栽植地被植物或攀缘植物。（图 4-15）

5.交通岛绿地设计

交通岛即环岛，凡是 4 条道路交会的环岛，直径应在 40 m—50 m。

（1）交通岛的类型

①交叉路口：道路相交之处，种植设计需考虑地形、环境特点，符合安全视距相关要求。（图 4-16）

②中心岛：又称转盘，设在道路的交叉口处。（图 4-17）

③导向岛：指引行车方向，约束车道，使车辆减速转弯，保证行车安全。

④立体交叉：纵横两条道路在交叉点互不相同，一般不能形成专门的绿化地段。

图 4-14 滨水绿带

图 4-15 护坡绿化

图 4-16 交叉路口

图 4-17 城区交通岛

（2）交通岛绿地规划要点

①为了安全不设人行横道，不许行人进入。

②植物的高度，自圆心向周边逐渐减低，设在周边的灌木或花坛不宜超过1m，地面铺设草坪，各式花坛要求花色、图案纹样精美，管理周到。

③市中心或人流较多的场地可以在其间增设喷泉、水池、雕塑等，丰富立体景观。

④中心岛绿地应保持各路口之间的行车视线通透，应采用通透式配置，布置成装饰绿地。

⑤导向岛绿地应配置地被植物，以草坪、花坛为主。

【项目思政】

2022年中国城市轨道交通进入稳定发展阶段，全国城市轨道交通运营数据背后越织越密的交通网络，见证着城市发展的活力与便捷，也印证了各地在持续提升城市通勤效率方面所做的努力。作为重要的市政基础设施，城市轨道交通迅速发展的背后，是以人为核心的城镇化的深入推进。出行需求的增多催生了对轨道交通的需求，而随着轨道交通的发展，又反哺城镇化建设，为城市注入新的活力。

【理论研究】

项目二　城市广场绿地规划

一、城市广场绿地的类型

城市中为满足市民生活需要而修建的，由建筑物、道路和绿化等空间元素包围而成的相对集中的开放空间，其具有一定的主题思想，是城市公众社会生活的中心，也是主要的开放空间类型之一。城市广场是现代城市开放空间体系中最具公共性、艺术性、活力，且最能体现都市文化和文明的开放空间之一。

现代广场是城市开放空间的重要组成部分。城市广场按照广场形态分为规整形广场、不规整广场及广场群等。其空间形式灵活多样，没有定式。且现代城市广场形态越来越走向复向化、立体化，出现了包括下沉式广场、空中平台和步行街等类型在内的多种形

图4-18 市政绿地广场

式。城市广场分为：市政绿地广场、交通绿地广场、商业绿地广场、休闲文化广场、纪念性广场等。

1.市政绿地广场

市政绿地广场多修建在市政厅和城市政治中心的所在地，是市政府与市民定期对话和组织集会活动的场所，有强烈的城市标志作用，是市民参与市政和城市管理的象征。一般位于城市的核心，通常也是政府、城市行政中心，是政治、文化集会、庆典、游行、检阅、礼仪、传统民间节日活动的举办场地。这类广场还兼有游览、休闲、形象等多种象征功能。市政广场能提高市政府的威望，增强市民的凝聚力和自豪感，起到其他因素所不能取代的作用。市政广场景观设计一般要求面积较大，设计时以硬质铺装为主，不宜过多布置娱乐性建筑及设施，需要既便于大量人群活动，同时又能合理地组织广场内和连接道路的交通路线，保证人流和车流安全、迅速地汇集或疏散。（图4-18）

2.交通绿地广场

交通绿地广场指的是具有交通枢纽功能的广场，集交通、集散、联系、过渡及停车之用，并有合理的交通组织。交通绿地广场分两类：一类是道路交叉的扩大，疏导多条道路交会所产生的不同流向的车流与人流交通，如环岛交通广场。另一类是集散广场，是城市中主要人流和车流集散点前面的广场，如火车站前广场、大型体育馆（场）、展览馆、博物馆、公园及大型影院门前广场等。该类广场应考虑结合周围道路进出口，采取适当措施引导车辆、行人集散。（图4-19、图4-20）

图 4-19 交通绿地广场在道路交叉处扩大

图 4-20 交通绿地集散广场

3.商业绿地广场

商业广场为商业活动之用，商业广场应以人行活动为主，合理布置商业贸易建筑、人流活动区。商业广场景观设计的方式一般是把室内商场和露天、半露天市场结合在一起。一般采用步行街的布置方式，广场中布置一些建筑小品和休闲娱乐设施，这样能使商业活动区比较集中，同时满足购物休闲娱乐的需求，是城市中最具活力的广场类型。广场周围主要设有商业建筑，也可布置剧院和其他服务性设施，广场的人流进出口也应与周围公共交通站协调，合理解决人流与车流的干扰。（图4-21）

图 4-21 商业绿地广场

4.休闲文化广场

休闲文化广场是供人们休息、娱乐、交流、演出及举行各种娱乐活动的广场。通常选择人口较密集的地方，便于市民使用方便。广场的布局形式、空间结构灵活多样，面积可大可小。广场建筑布局和景观设计要求精致细腻，广场中宜布置台阶、坐凳等供人们休息，设置花坛、雕塑、喷泉、水池等景观供人们观赏。广场应具有欢乐、轻松的气氛，并以舒适方便为特点。（图4-22）

图 4-22 京杭运河流淌在西湖文化广场

5.纪念性广场

纪念性广场是为缅怀历史人物和历史事件，常在城市中修建主要用于纪念历史人物或历史事件的广场。为保持环境安静，应另辟停车场地，避免导入车流。纪念性广场应以纪念性建筑物为主体，结合地形布置绿化与供瞻仰、游览活动的铺装场地。纪念性广场重点要明确纪念主题，运用各种空间手段来强化纪念对象，追求庄严肃穆的空间效果。（图4-23）

图 4-23 纪念性广场

图 4-24 古迹广场

图 4-25 人性化广场

图 4-26 人性化广场设施

6.古迹广场

古迹广场为对该城市的遗存古迹进行保护和利用而设的城市广场，体现着一个城市的古老文明程度。规划设计从古迹出发组织景观，在有效组织人车交通的同时，能多角度欣赏古建筑等古迹。（图4-24）

二、城市广场绿地规划设计原则

1.以人为本原则

城市广场的使用应充分体现对"人"的关怀，古典的广场一般没有绿地，以硬地或建筑为主；现代广场以大量的绿色空间，通过合理的布局、交通、垂直组织，达到"可达性"与"可留性"，增强了广场的"场所"精神。现代广场的规划设计都是以"人"作为主要内容，体现了"人性化"，它的运用更加贴近人们的日常生活。例如广场要有足够的硬质铺装，广场上要有坐凳、饮水机、公厕等服务设施，广场的小品、绿化、物体等都要围绕"人"的需求所建设，时时体现"人"的服务，一切都要符合人体的要求。（图4-25、图4-26）

2.协调统一原则

城市广场应建立起人们的活动和交流的空间，并注意与周边的建筑环境，如与街道的和谐；强调空间、比例与周边环境的和谐统一；同时，还要注意与周边环境的交通组织和协调。（图4-27）

3.突出主体原则

城市广场不论规模大小，首先要明确其作用，确定其主体。围绕着核心的作用，形成个性的凝聚力和

图 4-27 万州区观音岩广场

外部的吸引力。城市广场的规划与设计，要突出城市广场在塑造城市形象，满足人们多层面的活动需求，提高城市的环境功能，包括城市空间环境和城市生态环境。同时，从总体上考虑了广场的布置方案，体现了时代特色。（图4-28至图4-30）

4.地方特色原则

城市广场要体现其所在地域的社会特征，即人文与历史的特征。城市广场的建设，既要传承城市自身的历史和文化，又要适应地方的民俗文化，同时还要凸显地域建筑的艺术特征。此外，要开展具有地域特色的民间活动，加强广场的凝聚力，进而提高城市的旅游吸引力。如重庆的三峡广场，就是三峡文化的象征，承载着重庆人民对三峡的深厚情感。（图4-31）

同时，城市广场还应体现其地域的自然特征，即要适应当地的地形、温度、天气等条件。城市广场要加强地域特色，尽可能运用具有地域特色的建筑艺术和材料，充分发挥地域景观的特点，使之与当地的气候条件相匹配。

图4-28 沈阳消防文化广场

图4-29 大邑打造社会主义核心价值观法治主题文化广场

图4-30 延安宝塔区宪法主题广场

图4-31 休闲文化广场——重庆三峡广场

5.效益兼顾原则

城市广场的规划设计既要有创意，又要有生命至上、生态优先、经济建设与社会环境协调发展的人文思想。

作为城市的重要建筑、空间和枢纽，它是市民的社会活动的核心，也是居民的"起居室"、游客的"客厅"。对于这些具有很高开发价值的开放式空间，城市应当给予优先发展的权利。

城市广场的规划设计是一个综合性的系统工程，包括建筑空间形态、立体环境设施、园林绿化布局。在城市广场的规划和设计中，必须始终坚持经济效益、社会效益和环境效益并重的原则，既要考虑短期收益，又要考虑长远利益，既要考虑局部利益，又要考虑全局利益。

6.多样化原则

广场设计的多样性包括空间、设施和功能。参加活动的人数、年龄、成员之间的联系等，都需要有不同的空间形态。有适合年轻人和老年人的地方；有熟悉的人所需的私人空间，也有陌生人所需的开放空间。多元化的空间要求各种不同的环境设备，从而使广场成为一个复杂多变的、可塑的生态环境系统。（图4-32）

7.公众参与原则

在广场的空间环境下，要引导民众积极地参与到广场的活动中来，这种参与不仅体现在对广场各项活动的参与上，同时也反映在广场的创意设计中汲取的市民的意愿和意见上，公众参与提高了创作的潜力。

三、城市广场绿地规划设计

1.城市广场绿地规划设计要点

（1）城市广场的绿化布置要与城市整体规划相协调，使之成为城市的一个有机部分，使其更好地发挥其主要作用，并满足其基本属性。

（2）广场的绿化设计要有明确的空间层次，与广场周边的建筑、地形形成良好的、多元的、优美的广场空间系统。

（3）广场的绿化功能应与广场的各个功能区域

图4-32 滨水广场具有多功能性和多元空间

图4-33 排列式种植

协调，使其更好地协调和增强区域的功能。休闲区的规划中，以落叶树为主要内容，冬天要有阳光，夏天要有遮阴。

（4）根据城市广场的空间环境及垂直方向的特征，应在一定程度上兼顾风向、交通、人流等方面的影响，从而达到改善环境品质、改善小气候的目的。

（5）要与城市园林的整体风格相协调，并与其地理位置相适应，在树种的选取上要遵循植物区系的规律，并突出当地的特点。

（6）加强对绿地广场场地原有树木的保护，有利于形成广场景观，体现对自然和历史的尊重，也有利于增强市民对场地的认同和接受。

2.城市广场绿地种植设计形式

（1）排列式种植

主要用于广场周围或者长条形地带，用于隔离或遮挡，或做背景。单排的绿化栽植，可在乔木间加植灌木，灌木丛间再加种花卉，株间要有适当距离，以保证有充足的阳光和营养面积。乔木下面的灌木和花卉要选择耐阴品种，并排种植的各种乔灌木在色彩和体型上应注意协调。（图4-33）

（2）集团式种植

为避免成排种植的单调感，把几种树组成一个树丛，有规律地排列在一定地段上。这种形式有丰富、浑厚的效果，排列整齐时远看很壮观，近看又很细腻。可用花卉和灌木组成树丛，也可用不同的灌木、乔木组成树丛。（图4-34）

（3）自然式种植

在一个地段内，花木种植不受统一的株行距限制，而是错落有序地布置，从不同的角度望去有不同的景致，生动而活泼。这种布置不受地块大小和形状限制，可以巧妙地解决与地下管线的矛盾。自然式树丛的布置要密切结合环境，才能使每一种植物茁壮生长，同时，对管理工作的要求也较高。（图4-35）

（4）花坛式种植

用植株组成各种图案，装饰性较强。材料一般选择花、草或者耐修剪的木本植物，构成各种图案，是广场常用的种植形式之一，同时，该形式种植通常不超过广场面积的1/3。（图4-36）

3.城市广场绿地规划树种选择

广场树种要适应当地土壤与环境条件，掌握树种选择要求，因地制宜，才能达到合理、最佳的绿化效果。

（1）冠幅大，枝叶密：冠大枝叶密的树种夏季形成大片绿荫，可降低温度，避免行人被暴晒。

（2）耐贫瘠土壤：城市中土壤贫瘠，且树木多种在道旁、路肩、场边或空间限制的树池，以及积水的空穴加土而成的池穴中。由于受到管道和建筑物地基的限制和影响，树干的养分面积非常少，养分的补充也十分有限。

（3）深根系：广场栽植的树，其养分面积小，但根系发达，可以延伸到更深的土壤中，所以仍然能保持旺盛的生命力。深根的树木不会因为被踩踏而破坏表层的根系，也不会受到一般的晃动、撞击和暴风雨的侵袭；而浅根的种子则会拱穿路面或广场地面，极不适合铺设。

（4）耐修剪：广场树的枝条必须有一定高度的分枝点（通常为2.5 m），且不能与来往车辆发生碰撞，且外形整洁、美观。所以，每年都要进行侧枝的修剪，这些幼苗要有较强的发芽能力，经过修剪后可

图4-34 集团式种植

图4-35 自然式种植

图4-36 花坛式种植

以迅速地长出新的枝条。

（5）落果少或无飞絮：有的树种经常落果或有飞絮，容易污染行人的衣物，尤其会污染空气环境。所以，应选择一些落果少、无飞絮的树种，用无性繁殖方法培育雄性不孕系也是解决这个问题的一个途径。

（6）发芽早、落叶晚：选择发芽早、落叶晚的阔叶树种绿化效果好。

（7）耐旱、耐寒：选择耐旱、耐寒的树种，既能确保其正常的生长和发育，又能降低人力、物力的

管理成本。北方部分树木无法正常过冬，应采取适当的防寒措施。

（8）防治病虫害和污染：病虫多的树种，不但要进行管理，投入大量的人力，虫子的排泄物、虫体、杀虫剂等还会对环境造成严重的污染。因此，选用抗虫、容易防治、抗污染、消化污染物的树种，对改善生态环境具有重要意义。

（9）寿命长：树木生命周期的长短，直接关系到城市绿化的成效与管理。短龄树种在30—40年就会出现老化，如发芽晚、落叶早和枯枝等现象，因此，要想树的生命周期得以延长，就必须选用具有较长生命期的树种。

【项目思政】

大自然以神奇造化，铸就了雄奇的长江三峡。共和国的伟大力量，造就了举世瞩目的三峡工程。1994年12月14日上午10时，时任国务院总理李鹏代表党中央、国务院宣布三峡工程开工，这一消息令全世界为之震动、喝彩。他满怀深情地题词："功在当代，利在千秋"。

重庆于1997年修建了三峡广场，该广场分为绿色艺术园、商业文化街、名人雕塑园、三峡景观园四个部分。其丰富的自然景观、人文景观和深厚的历史文化内涵，彰显出其作为重庆市广场精品工程的独特魅力。镌刻在碑上的"三峡广场"四个金色大字由总理亲笔题名。

【理论研究】

项目三 城市居住区绿地规划

一、城市居住区绿地的组成

1.城市居住区公共绿地

居住区公共绿地指城市居住区内居民公共使用的绿地，这类绿地常与居住区或居住小区的公共活动中心和商业服务中心结合布置。在城市规划建设中，应根据周围的环境、功能需求，合理布置园林水体、园林建筑小品、铺地广场等，以植物景观为主体，打造居住区自然优美的园林环境。公园绿地的功能不仅能为居民提供日常的室外休闲活动场所，为其开展体育锻炼、开展休闲文化娱乐等活动提供场地，还能起到防灾避灾作用。主要包括居住区公园绿地、居住小区公园绿地和组团绿地。（表4-2）

（1）居住区公园绿地：为全社区居民服务的，其占地面积通常超过1 hm²，类似于一个小公园，其设施较为齐全，包括体育活动场地、各年龄组休息活动设施、画廊、阅览室、茶室等；为了便于居民的日常生活，也为了更好地美化社区的形象，经常与社区的生活配套。居住区内公园绿地面积应占居住区总用地面积的7.5%—18%。一般服务半径为500 m—1000 m，居民10分钟内即可到达居住区。

表4-2 居住区公共绿地的分类、相关及相关指标

公共绿地名称	要求	绿地面积（%）	服务半径（m）	最小规模（hm²）
居住区公园绿地	设施齐全,有明确的功能划分	7.5—18	500-1000	1.00
居住小区公园绿地	位置便利,功能包括体育锻炼和社交娱乐	5—15	300-500	0.40
组团绿地	灵活布局,便于老人、小孩活动	3—6	≤100	0.04

（2）居住小区公园绿地：也称住宅区中心游园，为居住区的居民提供了便利，并在社区中设立了体育锻炼和社会性娱乐场所；面积一般为4000 m²以上，位于居民区中心，居住小区内公园绿地面积应占居住小区总用地面积的5%—15%，服务半径为300 m—500 m。

（3）组团绿地：最贴近社区的公园绿地，与住宅组团的布局相结合，将小区的居民作为社区的主要服务对象。在规划设计中，尤其要设立老人、小孩的休闲活动场地；组团公园绿地应占组团用地的3%—6%。面积超过400 m²，最大步行距离为100 m。

2.居住区专用绿地

居住区专用绿地是小区内各种公共建筑和公用设施的环境绿地，包括住宅区、影剧院、少年宫、医院、中小学、幼儿园等。居住区绿地布局应符合居住区公共建筑及公共设施的环境要求，同时要兼顾周边环境。

3.居住区道路绿地

居住区道路绿地是居民小区内主要道路两侧或中央的道路绿化带用地。普通住宅区的道路宽度比较狭窄，不在红线以内设置绿化带，而在道路两旁设置绿地，如住宅区宅旁绿地、组团绿地等。

4.居住区宅旁绿地

居住区宅旁绿地主要是指居住建筑四周的绿地和花园绿地，是最接近居民的绿地。

二、居住区绿地的定额指标

居住区绿地的定额指标，指国家有关条文规范中规定的在居住区规划布局和建设中必须达到的绿地标准，通常有绿地率、绿化覆盖率、人均公共绿地、人均非公园绿地等。

1.绿地率

绿地率指居住区用地范围内各类绿地面积的总和占居住区用地的比率（%）。注意各类绿地的统计不包括屋顶、晒台的人工绿地。居住区绿地率=（居住区各类绿地总面积÷居住区总面积）×100%。新建居住区中绿地率不低于30%，旧区改造中不低于25%；大于50%可称作花园。

图4-37 绿色生态小区

在我国首次明确提出了"绿色生态小区"的概念、内涵和技术原则。要求生态小区的绿化系统应符合下列标准：绿地率≥35%，绿地本身的绿化率≥70%，提倡垂直绿化。（图4-37）

2.绿化覆盖率

绿化覆盖率指居住区用地范围内各类绿地中植物的总投影面积占居住区用地的比率（%）。覆盖面积只计算一层，不重复计算。

3.人均公园绿地

人均公园绿地包括居住区公园绿地、居住小区公园绿地和组团绿地等，按居住区内每个居民所占的面积计算。居住区人均公园绿地面积（m²/人）=居住区公园绿地面积（m²）/居住区总人口（人）。

4.人均非公园绿地

人均非公园绿地包括专用绿地、公共建筑所属绿地、河边绿地及设在居住区内的苗圃、花圃、果园等非日常生活使用的绿地，按居住区内每个居民所占的面积计算。居住区人均非公园绿地面积（m²/人）=（居住区绿地总面积—公园绿地面积）（m²）/居住区总人口（人）。

三、城市居住区绿地规划设计标准

住房和城乡建设部发布的《城市居住区规划设计标准》（GB50180—2018）于2018年12月1日起实施"新建各级生活圈居住区应配套规划建设公共绿地，并应集中设置具有一定规模，且能开展休闲、

图4-38 杭州"15分钟生活圈"

体育活动的居住区公园",并规定居住区绿地公园中应设置10%—15%的体育活动场地。提出了15分钟、10分钟、5分钟生活圈配置体育设施的方案、占地建议,以及建设全民健身中心、多功能运动场等便民体育设施的种类考量。

居住区组团绿地离住宅人口最大步行距离在100 m左右。居住街坊内集中绿地的规划建设,新区建设不应低于0.80 m²/人,旧区改建不应低于0.35 m²/人;宽度不应小于8 m;在标准的建筑日照阴影线范围之外的绿地面积不应少于1/3,其中应设置老年人、儿童活动场地。

1.15分钟生活圈居住区

以居民步行15分钟可满足其物质与生活文化需求为原则划分的居住区范围;一般由城市干路或用地边界线所围合,居住人口规模为50000—100000人(约17000—32000套住宅),配套设施完善的地区。(图4-38)

2.10分钟生活圈居住区

以居民步行10分钟可满足其物质与生活文化需求为原则划分的居住区范围;一般由城市干路、支路或用地边界线所围合,居住人口规模为15000—20000人,(约5000—8000套住宅),配套设施齐全的地区。

3.5分钟生活圈居住区

以居民步行5分钟可满足其基本生活文化需求为原则划分的居住区范围;一般由城市支路及以上城市道路或用地边界线所围合,居住人口规模为5000—12000人(约1500—4000套住宅),配建社区服务设施的地区。

4.居住街坊

由支路等城市道路或用地边界线围合的住宅用地,是住宅建筑组成形成的居住基本单元;居住人口规模为1000—3000人(约300—1000套住宅),并配建有便民服务设施。(表4-3)

四、城市居住区绿地规划设计原则及要点

1.城市居住区绿地规划设计原则

(1)统一性原则:居住区的绿地规划要在整个居住区规划阶段同时进行统一规划,使绿地在居住区的各个小区之间均匀分布,使绿地指标和功能达到平衡。在住宅用地规模大或远离城市绿地的情况下,要合理布局更大的公共绿地,并与社区内的小块公共绿地、旁绿地相结合,形成以中心绿地为中心、道路绿化为网络、宅旁绿化为基础的点、线、面绿地系统,使居住区绿地能妥善与周围城市园林绿地衔接,尤其与城市道路绿地相衔接,使小区绿地融于城市绿地中。

表4-3 不同规模居住区相关指标要求

距离与规模	15分钟生活圈居住区	10分钟生活圈居住区	5分钟生活圈居住区	居住街坊
步行距离	800—1000	500	300	—
居住人口(人)	50000—100000	15000—25000	5000—12000	1000—3000
住宅数量(套)	17000—32000	5000—8000	1500—4000	300—1000

图 4-39 植树造林推动小区生态文明建设

图 4-40 中式合院

图 4-41 法式居住区景观

（2）人性化原则：居住区内的公园绿地，要兼顾老年人、成年人、青少年、儿童的各种活动需求，根据自身的活动规则，合理配置各种设施。

（3）系统性原则：居住区的绿地建设要建立在住宅周边绿地的基础上，以小区的园林（游园）为中心，以道路绿化为网络，形成一个独立的体系，并与城市的绿地体系相协调。

（4）因地制宜原则：要充分利用原有的自然条件，根据实际情况，充分利用地形、原有的树木、建筑，达到节约土地、减少投资的目的。充分利用劣地、坡地、洼地和水面的绿化用地，保护和利用好古树名木。

（5）环境辨识原则：注重植物景观的布置，合理运用植物的组织和隔断，提高小区的环境卫生和小气候；运用绿色植物营造出一种内蕴的气息，风格要亲切、平和、开朗，各居住区的绿化布局要有环境辨识，以营造出不同居住区的风貌。

（6）多样化原则：居住区各个空间群的绿化不仅要保持整体的风格，而且要在构思、布局、植物选择上实现多样化，在整体中寻求变化。采用立体绿化、屋顶绿化、天台绿化、阳台绿化、墙面绿化等绿化方法，提高绿化效果，美化居住环境。

2.城市居住区绿地规划设计要点

（1）社会性：即实用性亲近环境，倡导公众参与，体现社区文化，促进生态文明建设和精神文明建设。（图 4-39）

（2）地域性：因地制宜地打造时代特点和地域特征的绿地空间环境，结合环境，注重分散与集中兼顾，避免盲目移植。（图 4-40 至图 4-42）

图 4-42 新中式住宅小区

（3）生态性：保持良好的人居生态环境，乔灌草地被花卉的合理组合，常绿与落叶植物的搭配，都要充分考虑生物的多样性，保持群落的良性循环。将先进的生态技术运用到居住区环境景观的塑造中，有利于人类的可持续发展。（图4-43）

（4）科技性：在满足现代用户需求的同时，依靠材料、工艺及各种科技力量的应用。要考虑高档、舒适、快捷、安全的居住生活方式。如智慧小区建设。（图4-44）

（5）开放性：为人们生活的自然创造条件，将封闭的绿地进行开放，使人置身于大自然之中，满足人们的基本绿色需要。

五、城市居住区绿地规划设计

1.居住区公共绿地规划设计

（1）居住区公园绿地

居住区公园属于城市园林绿地系统中公园绿地大类里的社区公园中类，用地规模一般在10000 m² 以上，人口规模30000—50000人。其是为整个居住区居民服务的居住区公共绿地，布局形式多样，景观构成以居住区各年龄段居民的使用要求为主。居住区公园规划设计需要注意以下要点：

①满足功能需求

一般居住区公园规划设计中的功能区域包括：大门入口区、休闲娱乐区、健身活动区、儿童游乐区、老人活动区、管理区等。（表4-4）

②满足审美需求

以居住区的自然条件为基础，充分利用地形、水体、植物、园林建筑营造景观，创造园林意境，突出居住区景观特色。（图4-45、图4-46）

③满足游览需求

园林布局符合居住区人的活动和游览要求，居住区公园的游人主要是居民，游园时间大多集中在早晚，夏季游人量较多。满足节假日社区活动功能要求，保障居住区公园夜间照明设施齐全。（图4-47至图4-49）

图4-43 小区生态景观

图4-44 智慧小区

表4-4 居住区公园规划设计中的功能分析

功能分区	设施和园林要素
大门入口区	居住区大门景观、门卫室、保安亭等
休闲娱乐区	休息设施、绿道广场、花坛、园椅园凳、花架、亭、廊、榭、舫、茶室等园林建筑，植物景观、水景等。
健身活动区	各类运动场地设施、休息设施、绿化布置等
儿童游乐区	儿童活动场地及设施、休息设施、绿化布置等
老人活动区	老人聚会活动场地、书画展示空间、公厕、绿化布置等
管理区	管理建筑、花圃、仓库、临时车位、绿化布置等

图 4-45 居住区景观创造园林意境

图 4-46 中式小区景观特色

图 4-47 步行道照明

图 4-48 小区道路照明

图 4-49 居住区廊架景观满足夜间照明

④满足生态需求

形成优美自然的绿化景观，保持合理的绿化用地比率，体现生物多样性原则，发挥植物群落的生态动能，选用绿色环保的园林材料，利用科学技术打造良好的生态环境。（图4-50、图4-51）

（2）居住小区公园绿地

居住小区公园绿地也是居住区的小游园绿地。一般面积在4000 m²以上，布置在居住人口10000人左右的居住小区中心位置，是居住区中最重要的公园绿地，利用率较高，更能有效服务居民。在规划设计中，要注意居住小区公园绿地的位置布局可以在居住区外侧和中心两个位置。（表4-5）

居住小区公园规划设计要根据环境特点、用地规模和功能要求综合考虑，包括以下要点：

①布局灵活紧凑

居住小区公园用地规模较小，为居民服务的效率高，景观布局要充分考虑景观功能和使用功能的要求，需要合理的功能分区，根据不同年龄特点划分活动场地和确定活动内容。园林设施比居住区公园简单，一般设有游憩活动场所、结合养护管理用房的公共厕所、儿童游戏场所、老人活动场所等简单的设施，可以布置花坛、水池、廊架、景墙等园林小品，以及园椅园凳等休息类园林设施等（图4-52、图4-53）。场地之间布局灵活、既分隔又紧凑，简洁明了、内部空间敞开，功能相近的活动可以布置在一起。儿童游乐要根据不同年龄段的儿童行为需求设置不同类型的游戏场地。（表4-6）

图4-50 绿色生态小区

图4-51 生态透水混凝土铺装

表4-5 不同位置小游园布局特征和优点

小游园布局位置	布局特征	优点
小区外侧	小区外侧临城市主要街道的一侧，形成从小区外向绿化空间	为小区居民服务，也向城市市民开放，利用率高
		美化城市、丰富街景
		绿地分隔居住建筑和城市道路，具有吸尘、降噪、防风、调节小气候等生态功能
小区中心	小区中心，形成内向绿化空间	至小区各个方向的服务距离均匀，居民就近方便达到
		不受外界影响，使居民增强领域感和安全感
		丰富小区景观层次

图 4-52 小区儿童活动空间

图 4-53 小区休闲活动空间

表4-6 儿童游戏场类型与布置特点

年龄	类型	场地规模	最小场地规模	每儿童最小面积	布点	服务半径	服务户数	游戏行为特征	器械和设施
3—6周岁的幼儿	住宅组团及以下的幼儿游戏场地	150 m²—450 m²	120 m²	3.2 m²	一般在住宅庭院内,在前屋后,在住户人看到的位置,结合庭院绿化系统一考虑,无穿越交通	≤50 m	30—60户20—30个儿童	这个时期儿童明显好动,但独立活动能力差,参加结伙游戏同伴增加。游戏时常需家长伴随。排球、倔土、骑儿车等是常见的游戏活动	草坪、沙坑、铺砌地、桌椅等
7—12周岁的学龄儿童	住宅组团级儿童游戏场	500 m²—1000 m²	320 m²	8.1 m²	住宅组团的中心地区,多布置在组团绿地内	≤150 m	150户20—100个儿童	户外活动量大大增加,不满足在小空间内游戏,喜欢到比较宽阔的地方活动。如男孩儿喜欢踢小足球、打羽毛球,女孩儿喜欢跳橡皮筋、跳绳、跳舞或表演节目等有竞技性、富有创造性的游戏	设有多种游戏器械和设施,沙坑、秋千、绘画用的地面、滑梯、攀登架等
12周岁以上的青少年	小区级少年儿童游戏公园	1500 m²以内	640 m²	12.2 m²	住宅组团之间,多数布置在居住小区级或居住区级的集中绿地内,以不跨越城市干道为原则	≤200 m	200户90—120个儿童	独立活动能力增强,爱好体育的学生参加各项体育运动,如溜冰、球类运动等运动型及冒险型的游戏	设有小型体育场地和较多的游戏设备,也可修建少年儿童文娱、体育科技活动中心

图 4-54 小区道路

图 4-55 居住区活动小广场

图 4-56 居住区休闲小广场

②交通流畅易达

居住小区公园一般布置在居住区较为适中的位置，应尽可能与小区的公共活动中心和商业服务中心相结合，从而将居民的游憩活动与日常生活紧密联系起来。小游园在交通布置上，要方便居民到达且具有吸引力。在道路设计时，要综合考虑道路的曲直、宽窄、铺装、绿化等因素，赋予道路形式美感。其中，主要道路贯穿全园，宽度大于 3 m；次要道路贯穿次要节点，宽度在 1.1 m—2 m 之间。（图 4-54）

③广场功能多样

居住小区公园是居住区中最具公共性和活力开放的空间。广场作为一种社会活动场所，是多元化的物质载体，应提供多种活动支持，满足广大居民游览、休憩、交往、健身、娱乐等行为活动，是集多种功能于一身的活动空间。因此，广场设计应强调居民的活动参与性，将广场活动空间的亲和度、可达性、文化性、娱乐性、景观性等作为小游园广场设计的依据和标准。广场上可设置座椅、花坛、雕塑、水景、植物造景等，注重装饰功能和使用功能的结合。运动广场要根据运动的特点和相关规范进行设计。（图 4-55、图 4-56）

①尊重自然条件

居住小区公园规划设计应尊重自然规律，尽量利用并保留原有的自然地形及植被资源。合理的竖向设计不仅有利于视线导向和视野制约，突出主要景观，还能起到通风、防风、改善日照，以及隔离噪声的作用。为便于居民早晚赏景，可种植适合小区自然环境生长的香花植物及傍晚开放或能点缀夜景的植物，以此营造居住区良好的生态可持续发展环境。（图4-57）

（3）组团绿地

组团绿地是建筑组群内部的绿化空间，是作为直接联系住宅的公共绿地，其服务对象为组团内的居民。它面积大于400 m²，能为2000人以上的居民提供服务，服务半径小，特别可为就近组团内的老人和儿童等提供户外活动场所，使用率高，进而形成居住建筑组群的共享空间。绿化的目的是在于实现家家开窗能见绿，户户出门能踏青。

组团绿地具有用地小、投资少、见效快且易于建设的特点，其一般用地规模0.1 hm²—0.2 hm²。它面积小，布局较简单。由于位于住宅组团中，服务半径小，在80 m—120 m之间，居民步行1—2分钟可到达，既使用方便，又无机动车干扰，为居民提供了一个安全、方便、舒适的游境和社会交往场所。利用植物材料，组团绿地既能改善住宅组团的通风、光照条件，又能丰富组团建筑的艺术面貌，还能在地震时起到疏散居民及搭盖临时建筑等抗震救灾的作用。组团绿地规划设计要注意如下要点：

①满足功能需求

组团绿地应满足邻里居民交往和户外活动的需求，布置儿童游戏场和老年人休息场地，设置小沙坑、游戏器具、座椅及凉亭等。居民活动的铺地面积可占组团绿地面积的50%—60%。

②植物围合空间

利用植物种植围合空间，绿地内部要有足够的铺砖地面，不仅方便居民休息活动，也便于清洁。靠近建筑四周的植物种植应低矮、稀疏，以利于采光通风，避免在靠近住宅建筑处种树过密。通过合理的绿化配置，可减少活动场地与住宅建筑间的相互干扰。此外，组团绿地内必须有一处开敞明亮的园林空间。

图 4-57 小区植物景观

图 4-58 组团绿地

图 4-59 植物围合廊架空间

（图4-58、图4-59）

③体现组团特色

组团绿地形式多样，类型丰富，一般可分为院落式组团绿地、林荫式组团绿地、临街组团绿地、山墙间组团绿地、独立式组团绿地及结合公共建筑、社区中心的组团绿地。在规划设计时，需综合考虑这些不同类型的组团绿地。（表4-7）

表4-7 各类组团绿地说明及特征

组团绿地种类	说明	特征
院落式组团绿地	位于建筑组群围合成的庭院式的组团中间，平面多呈规则几何形，绿地的一边或两边与组团道路相邻。	不易受行人、车辆影响，活动场地中布置花坛等，在绿地西北部布置树丛。环境安静，有较强的庭院感。
林荫式组团绿地	在组团的建筑组群布置时，结合组团道路或居住小区主干道，扩大某一处住宅建筑间距，形成沿居住小区主干道较狭长的林荫道式组团绿地。	场地中设置花架廊、花坛，有利于形成敞开的组团绿地空间序列。改变了行列式布局的多层住宅间的室外空间狭长单调的格局，节约用地。
临街组团绿地	位于临街或居住区主干道一侧，或位于居住区主次干道交会处一角。	布置模纹花坛，美化街景，丰富街道和居住区主干道景观，加强绿化屏障，减少住宅建筑受街道交通影响，行人方便进入绿地休息。
山墙间组团绿地	点式或行列式住宅布局区中，扩大部分东西相对或错位的住宅建筑间距离，建筑山墙间布局组团绿地，至少一侧毗邻居住小区主干道或组团道路。	利用乔木树丛疏导夏季北风，阻挡冬季北风，有效改变了行列式布局的住宅建筑群山墙间仅有道路空间所形成的狭长的胡同状的空间格局，又与宅旁绿地相互渗透，扩大了组团绿地的空间范围
独立式组团绿地	由于居住区规划用地形状的限制，局部在较为独立的区域，以便更经济地利用土地。	布局形式灵活，部分组团住宅离组团绿地距离较远，可设置标志植物景观和布置出入口。如孤植树。
结合公共建筑、社区中心的组团绿地	一般面积较大，四周环境复杂，空间较为开敞，绿地与公共建筑、社区中心的专用绿地相互渗透。	绿地与公共建筑、社区中心的专用绿地相互渗透，无明确界线。活动场地与社区中心紧密联系。

④符合指标要求

布置在住宅间距内的组团及小块公共绿地的设置应满足"有不少于1/3的绿地面积在标准的建筑日照阴影线范围之外"的要求，以保证良好的日照环境，同时要便于设置儿童的游戏设施并适于成人游憩活动。其中院落式组团绿地的设置还应同时满足相关要求。（表4-8）

⑤增强视觉感受

组团绿地应根据住宅建筑形式，既考虑户外游赏者的景观感受，又考虑不同楼层的居民俯瞰效果。（图4-60）

图4-60 居住区俯瞰景观

表4-8 院落式组团绿地设置要求

封闭型绿地		开敞型绿地	
南侧多层楼	南侧高层楼	南侧多层楼	南侧高层楼
$L \geq 1.5L_2$ $L \geq 30$ m	$L \geq 1.5L_2$ $L \geq 50$ m	$L \geq 1.5L_2$ $L \geq 30$ m	$L \geq 1.5L_2$ $L \geq 50$ m
$S_1 \geq 800$ m²	$S_1 \geq 1800$ m²	$S_1 \geq 500$ m²	$S_1 \geq 1200$ m²
$S_2 \geq 1000$ m²	$S_2 \geq 2000$ m²	$S_2 \geq 600$ m²	$S_2 \geq 1400$ m²

L—南北两楼正面间距(m)；L_2—当地住宅的标准日照间距(m)；S_1—北侧为多层楼的组团绿地面积(m²)；S_2—北侧为高层楼的组团绿地面积(m²)。

2.居住区专用绿地规划设计

居住区专用绿地是居住区内配套公共设施的环境绿地，绿地规划设计要根据各类公共建筑、公共设施的功能要求进行合理的绿地设计。如学校、幼儿园、托儿所、社区中心、商场、居住区（或居住小区）出入口周围的绿地，除了按所属建筑、设施的功能要求和环境特点进行绿化布置外，还应与居住区整体环境的绿化相联系，通过绿化协调居住区中不同功能的建筑、区域之间的景观及空间关系。（表4-9）

（1）中小学及幼儿园绿地设计

小学及幼儿园是培养教育儿童，使他们在德、智、体、美、劳各方面全面发展。绿化设计应考虑创造一个清新优美、开敞明朗、安全独立的室外环境，保证与周边小区环境保持整体性（图4-61）。教学环境绿地中，可以利用植物园、果园、菜园等绿地规划，培养儿童热爱劳动、热爱自然的品格，通过绿地布局设施耕读教育基地，有效开展现代化素质教育。

表4-9 居住区公共建筑和公共设施的功能

设计类型	绿化与环境空间关系	环境措施	环境感受	设施构成
医疗卫生 如医院门诊	半开敞的空间与自然环境，有良好隔离条件	加强环境保护，防止噪声、空气污染，保证良好的自然条件	安静、和谐，使人消除恐惧和紧张感。阳光充足、环境优美，适宜休息、散步	树木、花坛、草坪、条椅及无障碍设施，道路无台阶，宜采用缓坡道，路面平整
文化体育 如电影院、文化馆、运动场、青少年之家	形成开敞空间，各建筑设施呈辐射状与广场绿地直接相连，使绿地广场成为大量人流集散的中心	绿化应有利于组织人流和车流，同时要避免遭受破坏，为居民提供短时间休息的场所	用绿化来强调公共建筑的个性，形成亲切、热烈的交往场所	设有照明设施、条凳、果皮箱、广告牌。路面要平整，以坡道代替台阶，设置公用电话、公共厕所
商业、饮食、服务，如百货商店、副食菜店、饭店等	构成建筑群内的步行道及居民交往的公共开敞空间。绿化应点缀并加强商业气氛	防止恶劣气候、噪声及废气排放对环境的影响；人、车分离，避免相互干扰	由不同空间构成的环境是连续的，从各种设施中可以分辨出自己所处的位置和要去的方向	具有连续性的、有特征标记的设施树木、花池、条凳、果皮箱、电话亭、广告牌等
教育 如托儿所、小学校、中学校	构成不同大小的围合空间，建筑物与绿化、庭院相结合，形成有机统一开敞而富有变化的活动空间	形成连续的绿色通道，并布置草坪及文化活动场，创造由闹到近的过渡环境，开辟室外学习园地	形成轻松、活泼、优雅、宁静的气氛，有利于学习、休息及文娱活动	游戏场及游戏设备、操场、沙坑、生物实验园、体育设施、座椅或石桌凳、休息亭廊等
行政管理 如居委会、街道办事处、物业管理	以乔灌木将各孤立的建筑有机地结合起来，构成连续围合的绿色前庭	利用绿化弥补和协调与建筑之间的尺度、形式、色彩上的不足，缓和噪声及灰尘对办公的影响	形成安静、卫生、优美、具有良好小气候条件的工作环境，有利于提高工作效率	设有简单的文化设施和宣传画廊、报栏，以活跃居民业余文化生活
其他 如垃圾站、锅炉房、车库	构成封闭的围合空间，利于防止粉尘向外扩散，并利用植物做屏障，控制外部人员视线	消除噪声、灰尘、废气排放对周围环境的影响，能迅速排出地面水，加强环境保护	院内具有封闭感且不影响院外的景观	露天堆场（如煤、渣等）、运输车、围墙、树篱、藤蔓

图4-61 小区幼儿园

(2)商业、服务中心环境绿地设计

居住小区的商业、服务中心是与居民生活息息相关的场所，居民日常生活需要就近购物，如日用小商店、超市等，理发店、洗衣店、储蓄所、邮寄等。绿化设计可考虑以规则式为主，留出足够的活动场地，便于居民来往、停留、等候等。场地内可以设置一些简洁耐用的坐凳、卫生类服务等设施。要发挥绿地在组织开放空间环境方面的作用，绿化布置应具有较突出的装饰美化效果，以体现现代居住区的环境风貌。植物材料以草坪、常绿灌木带和树形端庄的乔木为主。

(3)垃圾站绿地设计

在居住小区中，垃圾站是不可缺少的设施，但它又是最容易影响环境清新与整洁的部位。因此，绿化设计要以保护环境、隔离污染源、隐蔽杂乱，以及改变外部形象为宗旨。在确保运输车辆进出方便的前提下，在其周边采用复层混交结构种植乔灌木；同时，在墙壁上用攀缘植物进行垂直绿化来美化环境。（图4-62）

(4)小区停车场绿地设计

随着经济的发展，居民私家车的保有量大幅度提高，停车场是小区重要的配套设施，其绿化也日益受到重视。小区停车设计可将宅间绿地的背阴面道路扩大为4 m—5 m宽的小广场，并在小广场上划出私家车停车位。这样的设计解决了宅间绿地背阴面绿化保存率低的问题，同时也有效避免了汽车暴晒。此外，可将车库设计为地下或半地下式，车库顶层恰好作为集中绿地的小广场，供居民休闲娱乐。同时，停车场设计要充分考虑现代新能源汽车的使用需求，配置相应的充电服务设施。（图4-63）

3.居住区道路绿地规划设计

居住区道路是居住区的网格，道路一般分为居住区级道路、居住小区级道路、居住区组团道路和宅前道路四种。不同等级的道路的路面宽度要求不同。（表4-10）

图4-62 小区垃圾站

图4-63 小区停车场绿化

表4-10 不同道路等级路面宽度要求

道路等级	居住区级道路	居住小区级道路	居住区组团道路	宅前道路
宽度要求	≥9 m	6 m—8 m	3 m—5 m	2.5 m—3 m

在道路布局中，自然式道路随地形起伏变化，以此增加趣味性；而规则式道路则可在道路转折处或轴线上设置景点。从生态角度出发，提倡应用透水性铺装材料。同时，设置残疾人通行的无障碍通道，其中通行轮椅的坡道宽度不应小于 2.5 m，纵坡不应大于 2.5%。对于老旧小区，可进行路面材料改造。（图4-64）

4.居住区宅旁绿地规划设计

居住区宅旁绿地是居住小区的基本绿地，约占小区绿地的 50%，其包含了住宅周围绿地、前后两栋房屋间绿地、别墅庭院绿地、多层及低层房屋的一层小花园等。绿地空间的主要作用就是为居住建筑提供阳光、采光、通风、安全卫生和隐私等基本需求，与人们的日常生活及居住建筑的室内外环境紧密联系。宅旁绿地通常不设置硬质的园景，而是全部采用园林植物；当宅间绿地较宽（在 20 m 以上）时，可设置园路、坐凳、铺地等简易设施，供住户安静休息。（图4-65）

宅间绿地根据住宅建筑及其群体组合形式的不同，一般可分为周边式布置的住宅群的宅旁绿地，多层、低层行列式住宅群的宅旁绿地，多层点式及高层塔式住宅群的宅间绿地，独立式别墅庭院绿地四种。

六、城市居住区绿地规划植物配置

1.城市居住区绿地规划植物配置原则

（1）适地适树原则，以乡土树种为主，适当选用驯化的外来及野生植物。

（2）充分利用植物的观赏特性，进行色彩的组合与协调，采用常绿树与落叶树、乔木和灌木、速生和慢生、不同树形和色彩的树种配植，可创造季相景观。

（3）树木花草种植形式要多种多样，避免等距离栽植，可采用孤植、对植、丛植等，适当运用对景、框景等造园手法。

（4）力求以植物材料形成绿化特色，使其统一有变化，创造优美的林冠线和林缘线，以打破建筑群体的单调和呆板感。

图 4-64 老小区海绵改造

图 4-65 宅旁绿地

（5）宜选择生长健壮、有特色的树种，可大量种植宿根球根花卉及自播繁衍能力强的花卉。

（6）多种攀缘植物，以绿化建筑墙面、各种围栏、矮墙，以提高居住区立体绿化效果，使其具有多方位的观赏性。

2.城市居住区绿地规划植物配置

（1）居住区公园

居住区公园在绿化设计方面具有与城市公园不同的特点，既不宜照搬或完全模仿城市公园，也并不是城市公园的缩小或局部。在进行设计时，要充分考虑居民的使用需求，应以植物造景为主。首先要保证植物生长茂盛、绿草茵茵，并且植物配置形式丰富多样。同时，宜保留已有的树木和原有的绿地。

居住区公园与城市公园相比，其游览对象较为单一，主要是本居住区的居民。居民的游园时间比较集中，多在早晚时段，特别夏季的晚上。因此，植物宜选择香花植物，如白兰、玉兰、含笑、蜡梅、垂丝海棠、紫丁香、桂花、结香、栀子、玫瑰、云南素馨等，以形成居住区公园的夜香特色。

居住区公园中，户外活动频率较高的使用对象是儿童和老年人。因此，在活动场地应选用夏季遮阴效果好的落叶大乔木，如黄葛树，并结合活动设施布置疏林地。同时，在场地中种植绿篱来分隔空间，并成行种植大乔木以起到降噪目的，减弱喧闹声对周围住户的影响。公园中自然敞开的中心绿地，是面积较大的集中绿地，也是视线的焦点。其植物景观的平面轮廓线要与周围的建筑协调一致。边缘隔离带主要种植乔、灌木，中间区域可种植地被、草坪，孤植树形优美的乔木或配置成树丛、树群景观，使居民在绿地中游览时能融入自然，远离城市的喧嚣。（图4-66）

（2）居住区小游园

居住区小游园面积相对较小，功能较为简单，其目的是为居住小区内居民提供就近使用的茶余饭后活动休息场所。它的主要服务对象是老人和少年儿童，服务半径一般为300 m—500 m。此类绿地多与小区的公共中心相结合，以方便居民使用。此外，它也可以设置在街道一侧，以创造出一个市民与小区居民共享的公共绿化空间。当小游园贯穿小区时，居民前往的路程会大为缩短，如同绿色长廊一般形成一条景观带，进而使整个小区的风景更为丰满。

居住区小游园利用率较高，其以植物造景为主，因此植物配置应做到精致、耐用，以体现四季变化，如要体现春景，可种植垂柳、玉兰、迎春、连翘、海棠、樱花、碧桃等，使春日时节，杨柳青青，春花灼灼；夏季，则宜选悬铃木、复羽叶栾树、合欢、木槿、石榴等，炎炎夏日，绿树成荫，繁花似锦；秋季种植鸡爪槭、枫香、无患子等秋色叶植物；冬季种植蜡梅、茶梅等，以形成丰富的观赏效果。

小游园可设置花坛、花境、花台、花钵等花卉应用形式，其有很强的装饰效果和实用功能，能为人们休憩提供更好的条件（图4-67）。此外，小游园可借助地形的起伏，使植物配置在层次上富有变化，以增强景深效果。小游园还可借助自然高差，设计下沉式草坪广场，并在四周种植观赏价值高的园林植物，以此营造静谧的环境。

（3）组团绿地

组团绿地一般供居民活动的铺地面积占总面积的50%左右，同时绿化覆盖率应满足50%。为兼顾居民活动需求并保持较高绿化覆盖率，可在铺装上留种植池种植高大乔木，形成树荫式广场（图4-68）。

图4-66 居住区公园绿化

图4-67 居住区小游园植物配置

图4-68 居住区组团绿地植物配置

3. 居住区专用绿地植物配置

居住区内公共建筑、服务设施的专用绿地不仅应根据其建筑、设施的使用功能和环境特点进行绿化设计，还应与居住区整体绿化设计相协调。

（1）居住区医疗卫生用地

居住区医疗卫生用地主要包括医院、门诊部等，此类专用绿地树种选择应充分考虑病人的舒适、安全、环境美化等要求。如医疗专用绿地应种植植物消除噪声，根据噪声来源和噪声强度，将植物配置成不同的群落结构，以达到最佳的降噪功能，如珊瑚树、雪松、圆柏、龙柏、水杉、云杉、鹅掌楸、栎、海桐、桂花、女贞等组合配置。医疗专用绿地周围种植滞尘能力强的植物，植物滞尘效果与叶片的大小、疏密、粗糙程度等因素有关，防尘效果较好的有构树、桑树、广玉兰、蓝桉、银桦、国槐、木槿、泡桐、悬铃木属、女贞、臭椿、桧柏、丝棉木、紫薇、榆树、毛白杨等。医疗专用绿地植物品种尽量少用或不用花粉较多的植物，如芒果、芙蓉菊、银叶菊等。也尽量不选用带刺、带毒的植物，以保证病患者的安全，如剑麻、夹竹桃等。此类绿地还可种植芳香类、杀菌效果的植物，其既可杀灭医疗用地的病菌还可起到放松身心的功能，如柠檬桉、芸香科、薰衣草等植物。

（2）文化体育用地

居住区的文化体育用地包括电影院、文化馆、运动场等。此类用地空间较为开敞，其建筑可呈辐射状布置，并与广场绿地相连，以此满足居民的集散需求。植物种类宜选用香樟、黄葛树、梧桐等生长迅速、健壮挺拔且树冠整齐的乔木。而运动场上的草坪，则应选择耐修剪、耐践踏且生长期长的草类。

（3）居住区内的集散广场、商场建筑周围和社区中心的绿地

此类绿地设计具有组织空间的作用，同时能够装饰美化周边环境，体现居住区设计特色及时代风貌。其植物配置一般设计成缀花草坪，或以红花檵木、金叶女贞、龟甲冬青、海桐等灌木配置而成的模纹花坛，总体植物配置形式多为规则式，力求呈现简洁明快而明亮的效果。（图4-69）

图4-69 居住区内集散广场绿地

图4-70 商业空间绿化设计

（4）商业、饮食、服务用地

该类用地的绿化设计旨在突出、点缀商业气氛，植物选择以乔木、花卉为主。树木应选择冠大荫浓、遮阴效果好的乔木，在满足人们集散需求的同时提供遮阴功能。花卉则选用一二年生或多年生花卉，需求配置成花坛、花钵、花池等形式，以突出商业热烈的氛围。（图4-70）

（5）教育用地

居住区教育用地主要包括居住区幼儿园、小学、中学等。在此类绿地设计中，应将建筑物与绿化、庭院相结合，形成有机统一、开敞且富于变化的活动空间。校园周围可用绿化与周围环境进行隔离，校内植物配置可营造轻松、活泼、幽雅、宁静的气氛和环境，以此促进中小学生身心健康和全面发展。植物种类选择上，应选择黄葛树、小叶榕、广玉兰、香樟、银杏、天竺桂、蒲葵等生长健壮、病虫害少，无毒无刺且管理粗放的树种，同时搭配观赏价值较高的蓝花楹、白玉兰、紫玉兰、山茶等树种。（图4-71）

图 4-71 居住区幼儿园植物配置

图 4-72 居住区垃圾站绿化

（6）行政管理用地

居住区行政管理用地包括居委会、街道办、物业管理中心等。此类用地由于尺度、形式、色彩均不同，可通过绿地设计将各孤立建筑进行有机结合，协调各类用地环境，同时降低噪声、吸纳灰尘，进而营造出和谐、安静、卫生、美观的办公环境。用地内植物种类可选择七叶树、枫香等庭院树，以及玉兰、垂丝海棠、柚子、枇杷、杨梅等多种观花、观果树种，以提升办公区的观赏价值。在树下种植耐阴且经济地被植物，如肾蕨、凤尾蕨等，形成丰富植物层次，并利用绿篱围合院落，实现各办公区之间的区域分隔。

（7）其他公建用地

居住区中有垃圾站、锅炉房、公共卫生间等区域。此类用地适宜构成封闭的围合空间，这样有利于阻止粉尘向外扩散，还可利用植物作为屏障，减少噪声，并控制外部人们的视线，进而不影响居住区的景观环境。此类用地植物可选广玉兰、构树、珊瑚树、石楠、大叶黄杨、圆柏等对有害物质抗性强且能吸收有害物质的树种，或种植枇杷、构树、广玉兰、木槿、紫叶李等枝叶茂密、叶面粗糙多毛的树种。对于墙面、屋顶，则采用爬山虎、常春藤、鸡血藤、金银花等藤蔓植物进行垂直绿化。（图 4-72）

4.居住区道路绿地植物配置

居住区道路的立地条件，包括地上、地下管线及土壤等均优于城市道路，且空间尺度小于城市道路。然而，居住区道路绿化要求并非低于城市道路，而是应根据居住区道路的路幅、尺度，满足遮阴并展示居住区道路活泼多样、富于生活气息的景观特点，以区别于城市道路绿化。在树种选择上，城市道路的行道树一般选择树形高大、树冠开张、抗性强，但观赏效果一般的树种，如南方地区行道树主要有香樟、悬铃木、小叶榕等。而居住区道路的行道树则选用树体适中、树形优美且观赏价值较高的树种，如南方城市中采用广玉兰、白兰、蓝花楹、合欢、梧桐、无患子等，其兼具季相变化和夏季庇荫的效果。在配置形式上，城市行道树一般沿道路进行等距离列植，以满足道路全面遮阴。而小区道路行道树则根据具体环境进行灵活布置，如在道路转弯、交会处附近的绿地及宅前道路边的绿地中，可将行道树与其他低矮花灌木配置成树丛，在局部道路边绿地中不配置行道树；或在建筑物东西向山墙边丛植乔木，而隔路相邻的道路边绿地中不种植行道树。通过这样的方式，形成居住区内道路空间活泼有序的变化，加强居住区开放空间的相互联系，有利于居住区环境的通风，进而形成连续开敞的开放空间格局等。此外，居住区绿化设计还应考虑道路走向，如东西向的道路配置行道树时，应注意乔木对绿地和建筑的日照、采光、遮阴的影响；对于南北方向道路，在南方以常绿树种为主。

以下将以居住区不同类型的道路进行植物配置要点分析：

（1）居住区主干道或小区干道联系着各小区、组团及城市道路，小区绿化带植物配置形式与城市道路基本一致，虽具有人行、车行的功能，但小区道路主要满足人行功能，因此行道树的遮阴和视线安全尤为重要，道路交叉口、转弯处应根据安全视距进行相应的植物配置，如低矮灌木搭配草本花卉或以草坪为主。

图 4-73 居住区道路植物配置

（2）组团道路、宅前道路和部分居住小区干道，由于道路宽度较小，一般结合道路两侧其他的居住区绿地进行统一设计，而非单独设置。

（3）居住小区干道、组团道路两侧均可配置种植行道树，并采用绿篱、花灌木带进行分隔，以降低交通对建筑、绿地的影响。宅前道路两侧可不种植或仅在一侧种植，以免造成压抑的感觉。（图4-73）

5.居住区宅旁绿地植物配置

（1）配置要点

①宅旁绿地靠近住宅建筑，绿地规划设计必须综合考虑周边的建筑及道路等因素，其设计形式应充分考虑住宅建筑的平面形式、层数、外立面、间距等。

②居住区中有相同或相似的宅间宅旁绿地，其绿地规划设计应体现住宅标准化与环境多样化的统一，在进行绿地设计时应有协调的风格和统一的形式，不同住宅又应具备各自特色，以形成统一、协调的绿化特色。

③宅间宅旁绿地设计要充分考虑空间尺度，植物种植时不应过多种植高大的乔木，以免造成昏暗、狭窄、压抑的绿地景观；植物的体量及数量应与绿地的面积、建筑间距、层数相调和；绿化设计还应满足住宅建筑的通风、采光、日照等需求，尤其南阳台、窗户前尽量不栽植高大乔木，尤其是常绿乔木或高大灌木。

④住宅周围地下管线和构筑物较多，设计前应查阅有关图纸、规范进行，树木栽植应注意深度，并与构筑物保持一定的安全距离。

⑤因建筑物的遮挡，住宅周围会形成庇荫区。在此庇荫区内，应种植南洋杉、棕竹、小叶榕等较耐阴的树种或玉簪、大吴风草、肾蕨等地被植物。这样既体现了对自然环境的尊重，又能提升植物多样性，还可满足观赏效果。

⑥在植物与建筑物的相邻位置应做好细部处理。建筑入口处的植物配置应选用对植形式，以起强调作用。在此处不得栽种硬叶、尖刺的园林植物，如凤尾兰、丝兰、枸骨等，以免刺伤行人。植物可以柔化建筑物生硬的轮廓，使建筑与绿地之间自然过渡。在墙基处，可密植铺地柏等低矮的常绿灌木；墙角则可丛植海桐、大叶黄杨、小叶女贞等常绿灌木。

⑦为防止建筑西晒，可以种植爬山虎、常春藤、凌霄等藤本植物对东、西山墙进行垂直绿化，以降低墙体表面温度及室内气温，且兼具墙面美化作用；也可以在西墙外侧种植刺桐、香樟等高大乔木进行遮阴。

（2）绿化形式

宅旁绿化的形式包括树林型、花园型、庭院型、绿篱型、棚架型和游园型。

①树林型

此类型一般通过种植高大乔木形成林植景观，大多设置成开放式绿地，以满足林下活动需求，其对调节小气候有明显作用。然而，该景观目前缺少花灌木、花草配置。因此，在进行植物配置时，需综合考虑速生与慢生、常绿与落叶、季相变化及不同树形等因素来进行配置，以避免出现单调乏味的情况。

②花园型

借助绿篱或栅栏将住宅周围划分出一块区域，用于布置成花园景观，其既能供业主观赏，又能构成隐私空间。其布置形式可以是规则的或自然的，且应与建筑风格相协调。花园绿化以观赏价值高的草本花卉为主。

③庭院型

此类绿地应在植物绿化的基础上，布置园林小品，如廊架、假山、置石、水景等。并根据业主喜好，设计成风格迥异的庭院，如中式风格、英式风格等。此外，在庭院绿地中还可种植果树，这样既能美化环境，又具有经济效益，可供居民享受田园乐趣。

④绿篱型

住宅前后沿道路种植绿篱或花篱，以形成整齐的景观效果，如南方小区中常用有大叶黄杨、侧柏、小叶女贞、四季桂、栀子花、米兰、杜鹃等绿篱植物。

⑤棚架型

住宅入口处布置棚架，选用藤蔓类植物进行棚架绿化，如种植紫藤、葡萄、鸡血藤、金银花、凌霄等，这样既美观又实用，是一种较为温馨的绿化形式。

⑥游园型

当宅间距较宽时，绿化设计可呈小游园形式。小游园内可设置小型活动场地，种植层次丰富的植物景观，也可布置各种简单休息设施和健身娱乐设施。

【项目思政】

新时代城市居住环境的迭代更新离不开现代科技手段的支持和保障，目前节能环保的绿色智能社区已经走进人们的生活。打造"智慧小区"，让科技"触角"延伸至社区绿地规划设计的"神经末梢"，既可以满足人们更好的生活诉求，同时也可以充分保护我们赖以生存的自然环境。设计师应具有智慧科技改革的创新精神，让居住环境更加网络化、精细化、智能化，进而提升居民群众的幸福感和安全感。

【理论研究】

项目四　单位附属绿地规划

城市建设用地中，除绿地之外各类用地中的附属绿化用地包括：居住用地、公共管理与公共服务设施用地、商业服务业设施用地、工业绿地、物流仓储用地、道路与交通设施用地、公共设施用地中的绿地。

随着企业规模的扩大，附属绿地规划设计从绿化角度出发，将企业的产业特色和企业文化有机地结合起来。企业绿色建筑不仅是建筑的物质景观，还是城市绿地的一部分，从人类的生理、心理需求等方面来考虑，可满足人类的社会和精神需求。同时，将文化元素融入单位的绿化景观中，可彰显单位特有的园林风貌，提高单位的品牌形象，也是目前单位附属绿地规划设计的一个重要组成部分。赋予企业单位绿色景观文化内涵的重要意义，附属绿地不仅是单位的环境，同时也是城市生态系统的一部分，其具有自然和社会文化属性。

一、单位附属绿地的特征

1.用地特点

单位附属绿地，尤其是工厂和企业，各类生产设施、车间、厂房等也往往将绿地分割成不同大小、形状各异的块状地块。单位附属绿地在绿化设计上应因地制宜、见缝植绿，并根据不同的绿地功能需求和特征，进行有针对性的设计。（图4-74）

图4-74 重庆人文科技学院绿化设计依附山地地形因地制宜

2.环境特点

单位附属绿地应以绿色为主导的设计方式。营造植物景观，在保护自然植被资源和自然生态环境的基础上，创造丰富多彩的景观（图4-75、图4-76）。工业企业普遍存在着污染严重、烟尘大、噪声严重等问题。所以，根据污染的特性，选用合适的树木，合理地布局，采用乔、灌、草结合的方式，可减少或消除某些污染物。

3.文化特点

单位附属绿地要充分考虑单位所在地区的自然条件，体现单位的企业精神、企业文化等特点，绿地规划设计风格和所属单位的建筑思想、建筑材料及建筑形式相统一，以创造富有独特文化气息的附属绿地空间。（图4-77、图4-78）

4.功能特点

单位附属绿地因单位性质不同，绿地的功能需求也不同。如营造氛围，展现公司的精神和文化风貌的观赏绿地；提高安全生产质量的安全绿地、调节小气候的生态绿地、满足休憩娱乐的休闲绿地、满足户外活动的运动绿地、降噪防尘的防护绿地等（图4-79、图4-80）。因此，在附属绿地的规划设计中，应根据不同的功能要求，采用不同的园林手法，进行不同的绿化设计。如有明火、高温地区，应选用常青树、硬阔叶等耐火树种，单位大门处应设计具有鲜明特色的装饰性绿地。

图4-75 工厂绿地

图4-76 西南大学局部附属绿地

图4-77 西南大学附属绿地空间

图4-78 重庆人文科技学院附属绿地体现行知文化

图 4-79 工厂附属绿地营造氛围图

图 4-80 校园附属绿地调节小气候

二、单位附属绿地规划原则

1.总体性原则

附属绿地规划是单位总体规划的重要组成部分，在决定总体规划时应该综合考虑和合理安排，充分发挥绿地的改善环境、生态保护、休闲娱乐、运动健身、安全防护等各项功能。

2.标准性原则

执行国家与地方标准单位环境是整个社会大环境的重要组成部分。包括工厂、学校，特别大型工厂、学校的附属绿地，以及工矿企业、机关、科研机构，遍布全国各大、中、小城市，是城市绿化的一个重要组成部分。城市绿化的品质和效果对整个城市的环境品质有很大的影响。单位附属绿地的规划设计要严格落实国家、地方关于城市园林绿化的方针、政策，其各项指标要达到或高于相关指标，以保证单位附属绿地与城市绿地系统协调发展，切实发挥单位附属绿地在改善城市生态环境和提高精神文明建设方面的重要作用。

3.地域性原则

合理布局各单位的附属绿地，要对当地城市、地区规划中的土地利用和资源保护进行全面调查，了解当地的历史、人文、民俗、自然植被资源和绿化状况，使单位环境与社会融为一体，要充分考虑到单位所在地的土壤、气候、地形、水系、乡土植物及其他适宜

图 4-81 水泥厂附属绿地结合水系布置

图 4-82 厂区内雨水花园

植物的种类，因地制宜，充分、合理地利用地形地势、河流水系及植物资源，进行各种绿地空间景观的布局和设计（图 4-81、图 4-82）。工厂企业要重点考虑运输、生产管线及设备对附属绿地规划的影响。附

属绿地也要与周边的山川、湖泊、海洋等大环境有机地融合在一起，通过借用景观的方法，创造出充满自然气息的景观，让附属的绿化与自然融为一体，以形成一个较好的绿地环境。

4.生态性原则

单位附属绿地建设应以生态造景为主，满足多功能需求。其应当以绿化为核心，秉持保护天然植被和自然生态环境的原则，以自然审美价值为主导，以人工艺术文化为辅，科学合理地进行绿地规划，利用绿地资源，增加绿地面积，丰富绿地景观内容和绿地空间结构。在充分发挥生态功能的前提下，考虑单位环境空间的多功能要求，进而提高环境效果和生态功能。（图4-83、图4-84）

5.文化性原则

单位附属绿地是企业形象的一个重要窗口，规划设计中把握企业的品牌形象、历史文化、人文故事等，对弘扬企业文化，提高企业的社会地位和竞争实力有重大作用和影响。如花园工厂、园林单位、生态校园等。（图4-85至图4-87）

6.时代性原则

单位附属绿地规划设计应顺应社会发展，体现时代精神，在满足生态功能需求的前提下，营造具有时代气息的绿化景观。并根据企业规模、生产性质、用地条件、服务对象及经济状况等实际情况，制订合理的规划方案。

图4-83 西南大学垂直绿化营造生机

图4-84 沈阳建筑大学稻田校园

图4-85 水泥厂打造花园工厂

图4-86 园林式单位绿化

图4-87 重庆人文科技学院打造生态校园

7.可持续性原则

单位附属绿地建设是一个持续发展的过程，需做到长计划、短安排、远近结合、统筹兼顾、合理规划、分步实施。在制订长远发展目标的同时，要认真编制近期的规划计划，做到有计划、有步骤地逐步推进，逐步提高，不断稳定地营造良好的附属绿地环境。此外，还需注重规划实施的可操作性和易管理性。（图4-88）

三、单位附属绿地规划设计

1.工业企业附属绿地规划设计

工业企业附属绿地面积的大小影响绿地的基本功能，由于工业企业用地紧张，绿地有限，工业企业既要满足生产，又要保证绿地环境，不同类型的工厂绿地率要求不一样，所以，必须制订科学的用地比例。（表4-11）

工业企业附属绿地一般包括：厂前区绿地、生产区绿地、仓库区绿地、生活区绿地、防护林绿地、工厂小游园绿地。

（1）厂前区绿地：位于工厂主入口附近，考虑交通方便，满足人车交通，是整个工业企业装饰性和文化性最强的地方。厂前区相对宽敞，多采用规则式设计手法，该区域植物栽植多数采用规则式和混合式相结合的方法，通过孤植、对植、行植的形式开展，厂门到办公楼的道路两侧宜选用冠大荫浓、生长快、耐修剪的乔木作为遮阴树，再配植花灌木、宿根花卉和草坪。厂前区栽植的常绿树数量应占该区域总栽植数量的1/2，这样既能保持冬季良好的绿化效果，又能够在装饰性的基础上发挥企业文化宣传作用。（图4-89）

（2）生产区绿地：广大职工生产劳动的场所绿地，良好的生产区绿地建设，有利于职工积极投入生产、消除疲劳，振奋精神。在保证正常生产秩序的前提下合理布局，注重绿地的整体性防护功能，在进行设计时应根据实际情况，有针对性地选择对有害气体抗性较强及吸附作用、隔音效果较好的树种。厂房周边的绿化要按照厂房的特性来进行布置，对高污染车间，要有针对性地选用树种与防护带的布置，宜种植抗性强、生长快、低矮的树木。在有消防要求的工房中，乔木要选用耐火树种；粉尘较多或对大气品质有较高要求的车间，应选用滞尘树种；在化工厂房、高浓度有害气体生产车间，则选用具有良好吸附性和适

图4-88 水泥厂营造可持续发展绿地环境

图4-89 大门绿地

表4-11 不同工厂类型的绿地率

工厂类型	精密仪器	轻纺工业	化学工业	重工业	其他工业
绿地率(%)	50以上	40—45以上	20—25以上	20以上	25以上

图 4-90 生产区绿地

表4-12 常见吸收有害气体的植物

气体名称	植物名称
二氧化硫	柏树、杨树、桑树、刺槐、夹竹桃、黄杨、菊花、石竹、向日葵等
二氧化碳	龙柏、构树、臭椿、珊瑚树、八仙花、乌桕、合欢、棕榈、月季等
氟化氢	龙柏、构树、桑树、黄连木、丁香、小叶女贞、木芙蓉、罗汉松等
氯气	乌桕、合欢、紫荆、木槿、接骨木、三角枫、刺槐、桂花、海桐等
氯化氢	苦楝、龙柏、杨树、桑树、刺槐、国槐、紫茉莉、美人蕉、乌桕等
硫化氢	构树、罗汉松、月季、樱花、蚊母、龙柏、悬铃木、桑树、桃树等

用性的植物，同时要充分考虑到厂房的采光和通风（图4-90）。常见吸收有害气体的植物如表4-12。

（3）仓库区绿地：仓库区绿地宜选择树干通直、分枝点高的树种，以稀疏栽植乔木为主，以保证各种运输车辆行驶畅通。

（4）生活区绿地：生活区绿地具有满足职工生活基本功能的作用，在进行设计时，应从身体和心理两方面考虑。在绿地中合理布置座椅、散步小径、休息草坪、花台、花架等设施，能营造出一种舒适的环境，使员工在工作后能够在此恢复体力，放松精神，调节心理需求。（图4-91、图4-92）

图 4-91 休息区绿化

（5）防护林绿地：工厂防护林绿地包括卫生防护林带、防风林带和防火林带。不同类型防护林的树种选择不同（表4-13）。卫生保护林位于生产区、生活区的中间，用以隔绝生产区的粉尘和飘尘，吸收有害气体，减少有害物质的含量，减少噪声，改善地区的环境。防风林带是防止风沙灾害、保护工厂生产和职工生活环境的林带。其防护范围是有一定限度的，它应设置在被保护的工厂、车间、

图 4-92 生活区绿地

表4-13 防护林的树种选择

	植物名称	科属
防风树种	马尾松	松科 松属
	黑松	松科 松属
	圆柏	柏科 圆柏属
	榉树	榆科 榉属
	加拿大杨	杨柳科 杨属
	朴树	榆科 朴属
	国槐	豆科 槐属
	香樟	樟科 樟属
	台湾相思	豆科 金合欢属
	柠檬桉	桃金娘科 桉属
	假槟榔	棕榈科 假槟榔属
	南洋杉	南洋杉科 南洋杉属
	白蜡	木犀科 梣属
	柽柳	柽柳科 柽柳属
	青冈	壳斗科 青冈属
	紫穗槐	豆科 紫穗槐属
防火树种	棕榈	棕榈科 棕榈属
	天竺桂	樟科 樟属
	凤凰木	豆科 凤凰木属
	重阳木	大戟科 秋枫属
	木棉	木棉科 木棉属
	秋枫	大戟科 秋枫属
	醉香含笑	木兰科 含笑属
	高山榕	桑科 榕属
	乌桕	大戟科 乌桕属
	女贞	木犀科 女贞属
	楠木	樟科 楠属
	冬青	冬青科 冬青属
	杨梅	杨梅科 杨梅属
	银杏	银杏科 银杏属
	麻栎	壳斗科 栎属
	木荷	山茶科 木荷属
	杉木	杉科 杉木属
	落叶松	松科 落叶松属

续表

	植物名称	科属
抗污染树种	广玉兰	木兰科 北美木兰属
	龙柏	柏科 圆柏属
	珊瑚树	忍冬科 荚蒾属
	女贞	木犀科 女贞属
	泡桐	玄参科 泡桐属
	构树	桑科 构属
	臭椿	苦木科 臭椿属
	梧桐	梧桐科 梧桐属
	夹竹桃	夹竹桃科 夹竹桃属
	海桐	海桐花科 海桐花属
	山茶	山茶科 山茶属
	瓜子黄杨	黄杨科 黄杨属
	刺槐	豆科 刺槐属
	五角枫	槭树科 槭属
	紫薇	千屈菜科 紫薇属
	侧柏	柏科 侧柏属
	胡颓子	胡颓子科 胡颓子属
	皂荚	豆科 皂荚属
	榆树	榆科 榆属
	枫杨	胡桃科 枫杨属

作业场、居住区等附近。防火林带是在石油化工、化学制品、冶炼、易燃易爆产品的生产工厂及车间、作业场地，为确保安全生产，减少事故的损失，应设防火林带绿地。防火林带不易燃烧，由防火、耐火树种组成。（图4-93）

（6）工厂小游园绿地：满足工厂职工工间休息和茶余饭后休闲娱乐为主要目的的休闲性绿地。小游园是工业企业的重要景观节点。绿化布局应根据厂区的自然情况，如小溪、河流、池塘、丘陵、洼地、已有植被状况等，对其进行改造、利用，以营造出自然、美丽的环境。并根据用户的需要，可以结合工会俱乐部、电影院、休息活动场来进行合理的景观布局，如空间、颜色、灯光和植物等。（图4-94）

图4-93 水泥厂防护绿地

图4-94 京溪厂地上花园

2.公共事业单位附属绿地规划设计

公共事业单位附属绿地主要为各类场所从事办公、学习、科学研究、疗养健身、旅游购物、经营服务和生活居住提供良好的生态环境。主要包括行政机关、学校、科研院所、卫生医疗机构、文化体育设施、商业金融机构、社会团体机构、旅游娱乐设施等单位的附属绿地。

公共事业单位附属绿地，包括大门绿地、行政办公区绿地、教学区绿地、体育活动区绿地、医院绿地、生活区绿地、游憩绿地。

（1）大门绿地：作为公共事业单位的一个重要区域，通常紧邻城市道路，是公共事业绿地中的一个重要文化窗口，各种景观要素都要围绕着单位的文化氛围来进行。入口区域的绿化，通常采取规整的形式。整体上要求空间开阔、装饰性强，能够反映出建筑的本质和人文特色。入口区域绿地一般分为装饰绿地、停车场绿地和临街绿地。（图4-95、图4-96）

（2）行政办公区绿地：行政办公区是公共事业单位的重要组成部分，是其对外交流与服务的重要窗口。行政办公区的绿化景观是公共事业单位形象的体现。因此，在进行行政办公区域的绿化设计时要考虑建筑的风格，规划设计特定形状的广场、人行道，以便于人、车辆的聚集。此外，还可设置花坛、水池、假山、雕塑小品、装饰绿地等景观要素，使其与办公建筑相互反衬、相互呼应。同时，合理考虑垂直绿化，以达到美化和生态的双重作用。（图4-97、图4-98）

（3）教学区绿地：教学区是学校一个重要的学习功能区域，是学生和教师进行教学活动的主要场所，要求环境安静、卫生且优美。同时还要满足师生课间休息活动时，能够欣赏美丽的植物景观，呼吸新鲜空气及消除疲劳的需求。绿地设计可以通过环境诱导心理活动的手法，营造出宁静而不失呆板的效果。植物造景应考虑夏季遮阴，冬季挡风，可采用规则式和混合式的手法，选择观形、观花、观果、观叶、闻香等植物，进而营造出良好的学习环境氛围。（图4-99、图4-100）

（4）体育活动区绿地：体育活动区是公共事业单位不可缺少的功能场地，包括篮球场、排球场、足

图 4-95 华能珞璜电厂大门装饰绿地

图 4-96 大门临街绿地

图 4-97 办公区绿化

图 4-98 深圳市富泰和办公楼绿地景观

图 4-99 重庆第二师范学院

图 4-100 重庆人文科技学院教学区绿地

球场、田径运动场、训练场、体育馆和游泳池等，以及其他从事体育健身活动的场地和设施。体育活动区属于动态性较强的环境区域，绿地设计要充分考虑运动设施和周围环境的特点，以消除和避免对外界的影响，减少互相干扰。同时需要在相应场地的四周配置卫生防护林。运动球场常采用耐践踏的草种，周边可用高大的遮阴树配置缓冲隔离带，在安全范围内适当地设置桌凳等休息类小品设施。树种则以常绿为主，可选择无味、无刺、无毒、无飞絮、少落果的。（图 4-101 至图 4-103）

（5）医院绿地：医院绿地设计需营造轻松活泼的气氛，以弱化患者的紧张心理，为此要设置一些宁静清新的空间，满足患者临时休息等待的需求。医院绿地的附属绿地设计要注重卫生防护隔离，如减弱噪声、阻滞烟尘，从而创造出安静幽雅、整洁卫生、有益健康的户外环境。门诊部人流量较大，应设置较大面积的缓冲绿地空间，在广场周边设置精美花坛、植物造景等，供病人及陪护人员提供观赏、散步活动及户外休息的场所。不同医疗空间要有绿化隔离，保证自然通风和采光，园路要注意考虑无障碍设计。此外，可根据场地类型设置康复景观设计区域，满足不同患者对环境的需求，通过绿地设计发挥环境理疗的功能。（图 4-104）

（6）生活区绿地：具有一定规模的学校、科研院所及机关等单位，常设有以生活居住为主要功能的附属绿地，其绿地设计主要为人们创造一个整洁、卫生、舒适、优美的居住环境空间。生活区绿地设计布局方式灵活多样，多以自然式种植为主，有散步的线性空间、围合的休闲空间及开放的运动空间等，可满

图 4-101 校园运动场

图 4-102 大学运动场

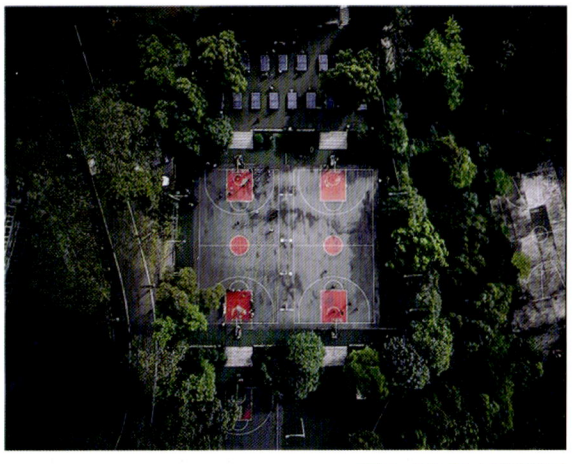

图 4-103 重人科篮球场

图 4-104 医院绿地

足人们不同的动静需求。植物配置要合理搭配建筑风格，既要有利于底层住户的通风采光，又要保证住户的私密空间。由于生活区人流集中，且流动的规律性和统一性较强，因此应保证主道路通直宽敞并配置行道树，同时，植物选择要丰富多彩，以体现季节性景观。（图 4-105）

（7）游憩绿地：游憩绿地属于开放的休闲运动性绿地，是公共事业单位附属绿地中景观类型最多，园林艺术和景观质量最高的绿地空间，也是满足人们休闲需要的微型园林空间。游憩绿地主要为职工和外来办事人员提供短暂休息的场所，同时满足单位内部人员休闲和运动的需要。其一般为围合空间，营造出宁静、舒适、明亮的氛围，布局可采用规则式或自然式，充分结合场地的特征来进行考量，尤其要注重场地原有的植被、道路及设施。游憩绿地功能设施多样，能满足内部人群的不同需求。此外，在其外围配置树丛围合，以屏蔽内外干扰，其造景手法丰富多样。（图 4-106 至图 4-108）

图 4-105 重人科学生寝室附属绿地

图 4-106 西南大学游憩绿地

图 4-107 中南林业科技大学国际楼附属游憩绿地

图 4-108 西南大学休闲游憩绿地

【项目思政】

沈阳建筑大学稻田校园运用水稻、作物和当地野草，以最经济的途径来营造校园环境。在绿地规划中，大量应用了水稻和庄稼，并通过旧材料的再利用，重新认识庄稼、野草和校园。"世界杂交水稻之父"袁隆平院士题词"稻香飘校园，育米如育人"。稻田景观旨在倡导人与自然和谐共生的理念，更提醒建大学子懂得节约，谨记粮食的来之不易，寓意一分耕耘一分收获，诠释了"厚德大成"的校园精神。它鼓励学习在希望的田野上播撒种子，通过不懈努力与奋斗来实现理想，诠释自己的人生价值。

【理论研究】

项目五　城市公园绿地规划

一、城市公园绿地规划原则

城市公园是城市园林绿地系统的重要组成部分，它不仅要有大片的种植绿地，还要有游憩活动的设施，是群众性文化教育、娱乐、休息的场所。对城市面貌、环境保护、人民的文化生活都起着重要作用。"科学、美观、实用、经济"是公园绿地规划设计的基本原则。这就要求我们在科学思想和生态伦理的指导下，为广大的城市居民营造自然、轻松、优美的户外休闲居住环境，实现经济效益。

1.规划统一性原则

积极贯彻执行园林绿化建设方面的方针政策，明确公园的主要功能特征与建设整体目标，进行合理统一规划，使其与城市绿地规划相协调，进而为市民提供便利且良好的室外休闲娱乐场所。

2.满足功能性原则

根据园区的特点和主要功能需求，结合园区实际情况，对不同类型的景观与服务设施进行适当布局，设置人们喜爱的各种内容，以满足不同的功能需求。公园规划设计需依据城市园林绿地系统规划的要求开展，注意与周围环境配合，与邻近的建筑群、道路网、绿地等建立密切联系，使公园自然地融入城市之中。一个完整的居住区公园，应全面涵盖以下内容：观赏游览、安静活动、儿童活动、文娱活动、体育活动、政治文化和科普教育、服务设施及园务管理等。

3.传承创新性原则

我国古典园林艺术博大精深，其造园手法灵巧含蓄，具有追求自然、讲究含蓄、蕴藏意境的特点，充分运用了"小中见大""园中有园"等造园手法，这些都值得我们继承和发扬。在园林建设中，继承和创新我国传统造园艺术，同时吸收国外现代园林先进经验和科学理念，在设计进程中力求做到借古鉴今、中西结合，从而创造出具有中国特色的社会主义新园林。

4.生态性原则

尊重土地原有的自然与文化特征，坚持因地制宜原则，充分利用公园建设场地内的植被、水系、自然地形等现状资源，以利用为主、改造为辅，就地掘池、因势掇山，力求实现园内填挖土方量平衡，同时对重要景观资源加以保护。

5.地域性原则

要对公园的自然条件、人文资源展开全面考察，同时对当代城市居民的生活习惯、爱好等民俗特征进行全面的考察，并将这些考察结果与现代科技、文化的发展成果相结合。其要有自身的特色，避免景观重复。在景点处理、树种选择等方面，要根据当地实际情况进行规划设计，力求充分体现地方特色和时代风貌。

6.可持续性原则

正确处理短期与长期发展的关系，以及生态效益、社会效益、经济效益之间的关系，实现远近的统一，以便于工程能分期实施及进行日常的养护管理。设计需立足本地区的经济社会发展现状，设计出在经济条件允许范围内，既受人们喜爱，又符合本地自然条件和地形特点的公园。要考虑各景区景点建设的先后顺序及景点的日常管理，确保建设过程中秩序井然，建设完成后管理到位。

二、综合公园绿地规划设计

1.规划布局

（1）功能景区划分

功能景区划分应根据公园性质和现状条件，确定各分区的规模及特色。出入口设计，应根据城市规划和公园内部布局要求，确定游人主、次和专用出入口的位置；需要设置出入口内外集散广场，且停车场应确定其规模要求。（图4-109、图4-110）

（2）园路系统设计

园路系统设计应根据公园的规模、各分区的活动内容、游人容量和管理需要，确定园路的路线、分类分级和园桥、铺装场地的位置和特色。（图4-111）

（3）建筑布局设计

建筑布局应根据功能和景观要求及市政设施条件等，确定各类建筑物的位置、高度和空间关系，并提出平面形式和出入口位置。公园管理设施及厕所等建筑物的位置，应隐蔽又方便使用。（图4-112、图4-113）

（4）河湖水系设计

河湖水系设计应根据水源和现状地形等条件，来确定园中水系的水量、水位、流向；水闸或水井、泵房的位置，以及各类水体的形状和使用要求。对于游

图4-109 大连中山公园

图4-110 公园出入口

图4-111 园路

图4-112 长春水文化生态公园

图4-113 公园廊架绿化

船水面，应根据船的类型提出水深要求并确定码头位置；对于游泳水面，应划定不同水深的范围；对于观赏水面，应确定各种水生植物的种植范围及不同的水深要求。（图4-114）

（5）植物配置设计

植物配置设计应根据当地的气候状况、园外的环境特征及园内的立地条件，并结合景观构想、防护功能要求和当地居民游赏习惯确定，应做到充分绿化，以满足多种游憩及审美的要求。（图4-115）

图4-114 安徽池州护城河遗址公园

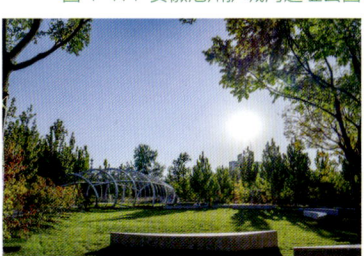

图4-115 北京西长安街文化艺术公园

2.城市公园游人容量计算

公园设计必须确定公园的游人容量，该容量是计算各种设施的容量、个数、用地面积，以及进行公园管理的依据。公园游人容量，也称容人量，是指公园在游览旺季（如节假日）游人达到高峰期时每小时的在园人数。游人容量作为计算公园设施的容量、个数、用地面积及公园管理的重要依据，在进行公园设计时必须加以确定。

公园游人容量的大小主要取决于游人人均公园面积标准和公园总面积大小。

公园游人容量按下式计算其中C是公园游人容量（人）；A是公园总面积（m²）；Am是公园游人人均占有面积标准（m²/人）。

$$C=A/Am$$

游人人均公园面积标准取值因公园类型不同而不同。市区综合公园游人人均占有公园面积以60 m²为宜，社区公园和带状公园以30 m²为宜；近期公园绿地人均指标低的城市，游人人均占有公园面积可适当降低，但最低游人人均占有公园的陆地面积不得低于15 m²。风景名胜公园游人人均占有公园面积宜大于100 m²。水面和坡度大于50%的陡坡山地面积之和超过总面积50%的公园，游人人均占有公园面积应适当增加。水面和陡坡面积较大的公园游人人均占有面积指标如表4-14。

表4-14 水面和陡坡面积较大的公园游人人均占有面积指标

水面和陡坡面积占公园总面积比例（%）	0—50	60	70	80
近期规划游人占有公园面积（m²/人）	≥30	≥40	≥50	≥75
远期规划游人占有公园面积（m²/人）	≥60	≥75	≥100	≥150

（1）全市性公园：一般为10 hm²—100 hm²或更大，其服务半径为3 km—5 km，居民步行30—50分钟可达，乘车10—20分钟可达。

（2）区域性公园：一般为10 hm²左右，服务半径1 km—2 km，居民步行15—25分钟可达，乘车5—10分钟可达。综合性公园的面积不少于10公顷。

3.功能分区

（1）科普及文化娱乐区

科普及文化娱乐区的主要功能是开展科学文化教育，使广大游人在游乐过程中接受文化科学、生产技能等方面的教育。它是公园中的"闹"区，具有活动场所多、活动形式多样的特点，也是人流较为集中的区域，园中建筑多集中于此。该区域设在靠近主要出入口、地形较平坦的地方，平均有30 m²/人的活动面积。其主要设施有展览馆、画廊、文艺宫、阅览室、剧场、舞厅、青少年活动室等。在设计时，应避免区内各项活动相互干扰，可借助树木、山石、土丘等进行隔离。设施应有良好的绿化条件，尽可能利用地形、地貌特点，使其与自然

景观融为一体，进而创造出景观优美、环境舒适、投资少且效果好的景区景点。（图4-116、图4-117）

（2）安静休息区

安静休息区是公园中占地面积最大且游人密度小的区域，它可根据地形分散设置。其主要功能是供人们游览、休息与赏景，可以在园林中广泛分布，宜设置在距出入口较远之处，如地势起伏、临水观景、视野开阔的地方，也可以选择大片的风景林地、地形较为复杂的区域或拥有丰富自然景观（如山、谷、河、湖、泉等）的地方。该区域应与体育活动区、儿童活动区、闹市区相分隔。区内园林建筑和小品的布局宜分散，密度要合理，体量不宜过大，风格应亲切宜人，色彩宜淡雅而非华丽。（图4-118）

（3）体育活动区

体育活动区的主要功能是便于广大青少年开展各项体育活动。它具有游人多、集散时间短，并对其他项目干扰大等特点。它可设置各种球类、溜冰、游泳、划船等场地，其布局应尽量靠近城市主干道，或专门设置出入口。其中，凹地可设立游泳池，高处设置看台、更衣室，林间空地设置武术、太极拳、羽毛球等活动场地。（图4-119）

图4-116 深圳笔架山公园展览馆

图4-117 内江塔山公园印象甜城展览馆

图4-118 北京西长安街文化艺术公园休息区

图4-119 公园体育活动区

（4）儿童活动区

儿童活动区是公园中专供儿童游戏娱乐而设立的区域，其目的是促进儿童的身心健康。该区域相对独立，不可与成人活动区混杂在一起，位置应尽量远离城市干道，以避免受到汽车尾气和噪声的污染。其具有占地面积小、设施复杂等特点。区内建筑、设施的造型和色彩应符合儿童的心理，造型应色彩明快、尺度小且形象逼真。主要设施有秋千、滑梯、跷跷板、无动力组合设施和电动设施等。此区域多布置在公园出入口附近或景色开朗处，入口处多数会设置雕像。区内应以广场、草坪、缓坡为主，不宜设有容易发生危险的假山、铁丝网等伤害性景观。（图4-120、图4-121）

（5）公园管理区

公园管理区的主要功能是管理公园各项活动，其具有内务活动多的特点。此区域多设置在专用出入口内部、内外交流联系方便之处，其周围用绿色植物与各区分隔。主要设施有办公室、工具房、职工宿舍、食堂、苗圃等。这些设施多设置在水源方便，对游人服务方便的地段。

4.出入口设计

出入口设计包括主要出入口、次要出入口和专用出入口的设置。公园的范围线应与城市道路红线重合，若条件不允许，则必须设置通道使主要出入口与城市道路相衔接。出入口的设计要与城市交通和游人的走向、流量相适应，可根据需要设置游人集散广场。大门建筑、出入口内外广场、标牌等设施的布局应协调一致，出入口及园路要便于残疾人使用。（图4-122、图4-123）

5.交通设计

（1）园路的功能

联系着不同的分区、建筑、活动设施、景点，起着组织交通、引导游览的作用，以便于识别方向，同时也是公园景观、骨架、脉络、景点纽带、构景的要素。

（2）园路的类型

①主干道：又称主路，全园主要道路，联系各个景区、功能区、活动场地及各景点。

②次干道：综合性公园各区内的主要道路，联

图4-120 成都音乐公园儿童活动区

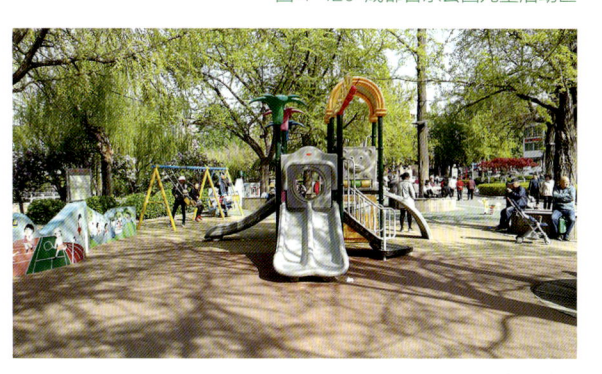

图4-121 公园儿童活动区

图4-122 赊月公园入口

图4-123 半山公园出入口

表4-15 各级园路宽度范围

园路级别	陆地面积（a, hm²）			
	<2	2<a<10	10<a<50	a>50
主路(m)	2.0—3.5	2.5—4.5	3.5—5.0	5.0—7.0
支路(m)	1.2—2.0	2.0—3.5	2.0—3.5	3.5—5.0
小路(m)	0.9—1.2	0.9—2.0	1.2—2.0	1.2—3.0

系各个景点，引导游人进入各景点，对主干道起辅助作用。

③游步道：引导游人深入景点，一般设置在山坡、小岛、丛林、水边、花间或草地上。

④专用道：园务管理使用，避免与园内游览路线交叉，以免影响游览。

（3）园路的宽度

各级园路应以总体设计为依据。（表4-15）

（4）园路设计

园路坡度要求主路纵坡宜小于8%，横坡宜小于3%；粒料路面横坡宜小于4%，且纵横坡不得同时存在坡度。山地公园的园路纵坡应小于12%，若超过12%则应做防滑处理。主园路不宜设梯道，若必须设梯道，纵坡宜小于36%。支路和小路纵坡宜小于18%，纵坡超过15%时，路面应做防滑处理；纵坡超过18%宜按台阶、梯道设计，台阶踏步不得少于2级，坡度大于58%的梯道应做防滑处理并设置护栏。此外，通机动车的园路宽度应大于4 m，转弯半径不得小于12 m。（图4-124）

对于通往孤岛、山顶等卡口的路段，宜设通行复线。若需原路返回，那么相应路段的路面宜进行放宽。园路及铺装场地应根据不同功能需求来确定其结构，饰面面层材料应与公园风格相互协调，并宜与城市车行路有所区别。

（5）园路布局

公园中道路系统的规划应以公园的总体规划为依据，根据地形地貌、功能分区、景色分区、景点及风景序列的展开形式等进行规划。公园中的道路应是一个循环系统，即环形路，这样游人从园内任何一点出发，都能游遍全园，且要避免走回头路。公园的道路设计宜曲不宜直，讲究自然，追求意趣，依山而行，

图4-124 公园无障碍坡道设计

图4-125 园路形式多样

回环曲折。在弯道上设置石组、假山、灌木丛、树木等障碍，以营造园路曲线优美的效果。公园道路应根据公园绿地内容和游人容量大小来决定，要做到主次分明，与地形密切结合，实现因地制宜、因景筑路，使道路形式多样。（图4-125）

老年人活动区域的道路，其坡度应在12°以下。可依地形要求设置阶梯，阶梯的高度通常在12 cm—17 cm之间，宽度在30 cm—38 cm之间，可视环境情况而定，但不能超过人体的正常活动范围。台阶不能连续使用，每8—10级应设休息平台。

两条主干道相交时，交叉口应按正交方式做扩大处理，形成小广场，以方便车行和人行。小路应采用斜交，但不应斜交过多，且两个交叉口不宜太近，相交角度也不宜太小。上山路与主干道交叉要自然，藏而不显，同时又要吸引游人的注意。在纪念性园林中，园路宜采用正交叉的方式。（图4-126、图4-127）

园路通往大建筑物时，为避免路上游人对建筑物内部活动造成干扰，可在建筑物前设集散广场。当园路通往一般建筑物时，可在建筑物前适当加宽路面，或形成分支，以实现分流。通常情况下，园路一般不穿过建筑物，而是从其四周绕过。

桥是园路跨过水面的建筑形式，需注明承载重量和游人流量的最高限额。桥应设置在水面较窄之处，且桥身应与岸垂直，创造游人视线交叉，有利于观景。主干道上的桥以平桥为宜，桥头应设广场，便于游人集散。小路上的桥多用曲桥或拱桥，汀步可设置在小水面中，步距在60 cm—70 cm为宜。（图4-128、图4-129）

6.建筑布局

建筑物的主要功能是开展文化娱乐活动、创造景观、防风避雨等。建筑物的位置、朝向、高度、体量、空间组合、造型、材料、色彩要符合总体设计，有聚有散，形成中心。管理和附属服务建筑设施在体

图4-126 公园小广场

图4-127 运河公园小广场

图4-128 公园中的拱桥

图4-129 长风公园汀步

量上要小，且要注意隐蔽，同时要方便使用。面积大于0.1 km² 的公园应按游人容量的2%设置厕所蹲位；小于0.1 km² 的按照1.5%。厕所的服务半径不宜超过250 m。（图4-130）

建筑设计应与公园其他要素设计相结合，建筑体量与占地面积不宜过大，应满足《公园设计规范》（GB51192—2016）中对建筑占地面积的相应要求及必要的功能要求。综合性公园各项用地所占比例应按规定进行规划设计。（表4-16）

7.给排水设计

（1）给水设计

根据灌溉需求、湖池水体大小、游人饮用水量、卫生和消防的实际供需情况来确定，需对水源、管网布置、水量、水压等进行配套工程设计。给水应以节约用水为原则，设计人工水池、喷泉、瀑布等设施，并采用循环水，防止水池渗漏。若使用地下水或其他废水，必须确保其不妨碍植物生长且不会污染环境。给水灌溉设计要与植物种植设计相配合，实行分段控制。同时，饮水站的饮用水和天然游泳池的水质必须保证清洁，符合国家规定的卫生标准。

（2）排水设计

污水应接入城市活水系统，不得在地表排泄或排入湖中，雨水排泄应有明确的引导去向，地表排水应有防止径流冲刷的措施。

8.植物选择

综合公园的植物设计是公园总体规划设计的重要组成部分，也是体现公园质量的关键要素。综合公

图4-130 公园传统建筑

园的植物景观设计应根据公园所在地的环境条件如气候、水文、地形、地貌、现状植被，并结合公园总体设计风格及居民游赏习惯等众多自然、人文因素进行合理、科学的规划设计。

综合性公园占地面积较大，立地条件、生境较复杂，因此综合性公园的植物设计在遵循一般植物配置原则基础上，应充分考虑公园的基本条件。综合公园应选择2—3种作为基调树种，如北方地区常绿树种应占30%—50%，落叶树种占50%—70%；南方地区常绿树种应占70%—90%。若树木配置形式仍为林植，则混交林占70%，单纯林占30%。植物种类应以乡土植物为主，如重庆市选择黄葛树、桂花、香樟、南天竹等，充分利用公园内原有树种，尤其是古树名木及大规格苗木。根据公园小生境的不同，配置不同的植物种类，如林下种植较耐阴的灌木、地被植物；低洼、积水地宜种植梭鱼草、再力花等湿生、水生植物；陡坡地应种植藤本植物以防滑坡、水土流失，并起到美化效果。

表4-16 综合性公园各项用地占比

用地类型	陆地面积（a，hm²）		
	10<a<20	20<a<50	a≧50
园路级铺装场地	5—15	5—15	5—10
管理建筑	<1.5	<1.0	<1.0
游览、休憩、服务、公共建筑	<4.5	<4.0	<3.0
绿化园地	>75	>75	>80

综合公园具有不同的功能分区，可满足游客不同的观赏、游憩需求，植物设计在统一规划的基础上，应结合不同分区的特点，综合考虑各类景观要素，充分发挥每个分区的功能及作用。

（1）游览休息区

公园游览休息区的绿化设计应着重突出季相变化，以此满足游客在不同季节的观赏需求。植物配置方式以自然式为主，在植物种类选择上，挑选观赏价值较高的观花、观叶植物，如紫玉兰、玉兰、垂丝海棠、鸡爪槭、红枫、鹅掌楸、复羽叶栾树等。此外，还可设置花卉专类园，如月季园、牡丹园、芍药园等。（图4-131）

图4-131 公园游览休息区月季专类园

（2）科学普及文化娱乐区

综合性公园的科学普及文化娱乐区具有较为平坦开阔的地形，因此植物配置应满足游人的集散需求，并留出足够的观赏视线。植物宜选用一、二年生或多年生花卉，如可以用矮牵牛、金鱼草、美女樱、矢车菊布置花坛景观，或以郁金香、鸡冠花、美人蕉、大花萱草、玉簪等布置成花境。另外，也可设计成草坪景观，南方地区以暖季型草坪草如结缕草、狗牙根为主；北方地区以冷季型草坪草如高羊茅、细叶剪股颖等为主。广场部分应适当种植常绿大乔木，如香樟、银杏等，以供遮阴，并留出种植池。尽量不种植灌木，以免阻挡视线。

图4-132 重庆园博园主入口植物配置

（3）主出入口

公园的主出入口代表着公园形象，一般与城市交通干道相连。其植物配置应做到丰富城市街景，且与大门建筑风格相协调。若建筑为规则式，那么植物配置采用规则式；若建筑为不对称式，植物配置则宜采用自然式（图4-132）。大门内部的植物配置，既不能阻挡游客观赏视线，又要满足集散功能。如可布置花池、花坛与灌木结合，也可铺设草坪并点缀花灌木。大门停车场四周的植物种植应满足遮阴、隔离等功能。

图4-133 公园体育运动区植物景观

（4）体育运动区

体育运动区选择植物种类时，应挑选不易落花、落果、飘絮的品种，且以满足夏季遮阴为佳，如香樟、小叶榕、润楠、重阳木、杜英（图4-133）。球类运动场地植物配置应与场地相距5 m—6 m。为避免繁杂的色彩干扰运动者视线，树种应选择单种色调且叶片不反光的，以此形成绿色的背景。在游泳池附近不应种植夏季落花、落果的树种。可设置廊架种植藤蔓类植物，如凌霄、叶子花、紫藤，同时在四周种植绿篱进行遮挡围合，如珊瑚树、侧柏、木槿等。

（5）儿童活动区

儿童活动区外围环境、儿童游戏场与周围道路交通及不同年龄活动区之间，应设置隔离景观带。通过种植树林、树丛或利用自然地形来进行分隔，从而降低噪声。园内宜种植高大乔木，如银杏、无患子等，以便夏季遮阴。每个分区可种植花灌木进行隔离，如根据儿童年龄段进行分区，各小区域之间也应种植灌木划分边界（图4-134）。园区中忌用夹竹桃、枸骨、漆树等有毒、刺、异味或易引起过敏的植物。植物配置宜选用色彩鲜艳的暖色调植物，如黄色花系的万寿菊、金鸡菊，或红色花系的山茶、杜鹃、鸡冠花等。在活动范围内，灌木宜选用耐修剪、冠幅较大、萌发力强且直立生长的乔木树种，且枝下净空应大于1.8 m，夏季庇荫面积应大于活动面积的1/2。

（6）公园管理区

根据管理区的不同功能，应因地制宜地进行植物配置，其总体风格应与全园设计风格相一致。观赏效果欠佳处，可种植不同高度的绿篱来遮挡，如公园垃圾收集站，可在四周种植珊瑚树进行遮挡，或种植藤蔓类植物进行垂直绿化，这样既能降低对公园整体景观的影响，还能起到生态净化等功能。（图4-135）

（7）园路

公园主园路应满足机动车安全通行，植物可选用树体高大、分枝点高于4.0 m、冠大荫浓的乔木，下层可搭配玉簪、蛇莓、细叶萼距花、肾蕨较耐阴的地被植物（图4-136）；支路、小路一般深达公园每个角落，植物配置尽量做到富有变化，从而达到步移景异的视觉效果（图4-137）；地形起伏的园路，植物配置随地形起伏应疏密有致，如对面有景可观的园路外侧，植物配置应留出足够的观赏视线，可种植毛杜鹃、栀子、细叶萼距花、葱莲、韭莲等低矮的花灌木及草本花卉；如对面无景可观，则路旁密植乔、灌木，形成林间小道。园路交叉口是视线的焦点，植物种植观赏价值较高的花灌木，如红花檵木、金叶女贞等或郁金香、金鸡菊、大丽花等草本花卉；残疾人通行的园路不宜种植硬质叶片、有钩刺类植物，如龙舌兰、枸骨，乔、灌木枝下净高应大于2.2 m，且种植点距路边线大于0.5 m。

图4-134 公园儿童活动区植物景观

图4-135 公园管理区遮挡型垂直绿化

图4-136 公园主园路植物景观

图4-137 公园小路植物配置

（8）广场

综合公园中的休息广场应形成宁静舒畅的气氛，广场周围可种植乔木、灌木，中间布置草坪、花坛（图4-138）。活动区域应选用大规格苗木，以满足遮阴功能，尽量避免种植带刺、易落果植物。植物配置还应满足集散功能，树木枝下高应大于2.2 m，以满足游人通行，夏季庇荫面积应大于活动范围的50%。具有露天演出功能的演艺广场，植物配置不得阻挡观众视线，可设计阳光草坪，南方地区可选择狗牙根，北方地区可种植高羊茅等耐践踏的草种。

（9）停车场

停车场绿化种植应满足遮阴和一定的技术规范要求，停车场内设置宽度大于1.5 m的种植池，并设置保护设施。树木间距应满足转弯、回车半径等要求，大、中型停车场乔木枝下净高大于4.0 m，小汽车乔木枝下净高大于2.5 m，自行车停车场庇荫乔木枝下净高大于2.2 m，北方地区停车场树种可选择落叶大乔木如国槐、加拿大杨等，既可夏季遮阴又可提高冬季温度。（图4-139）

（10）公园纪念区

综合性公园若有纪念区，植物配置应与公园设计风格尽量协调，做到合理过渡，纪念区内植物以规则式配置，突出严肃、庄重的纪念氛围，常以雪松、南洋杉、龙柏等绿色调植物为背景，纪念碑前可种植杜鹃、一串红、月季等色彩鲜艳的灌木或草花突出纪念氛围，道路两侧列植雪松、圆柏等尖塔形、圆锥形树冠植物。（图4-140）

（11）公园水体

公园中湖泊、河流等水体可以根据驳岸类型、公园设计风格，分层配置湿生、水生植物，按照滨水带特殊环境特征分为陆地层、水陆交界层、水生层三个层次，陆地层以中生树种为主，如岸边做防水处理则可种植少量旱生树种；水陆交界层种植落羽杉、池杉、枫杨等湿生植物及泽泻、慈姑、粉花美人蕉、黄菖蒲等挺水植物；水面可配置挺水、浮水、漂浮、沉水植物，如再力花、梭鱼草、黄睡莲、凤眼莲、苦草，以丰富植被层次提升观赏效果和水质净化能力，但应综合考虑公园设计风格，植物配置不得影响公园总体观赏效果。（图4-141）

图4-138 公园广场花坛景观

图4-139 公园停车场绿化

图4-140 公园纪念区植物配置

图4-141 公园水体植物造景

三、社区公园绿地规划设计

社区公园是城市生活的"后花园",也被形容为城市钢筋水泥中的一片"绿洲"。社区公园作为附近居民活动的开放空间,是居民日常社会活动的主要场所,其直接服务于居民,环境优美的社区公园是社区居民生活质量的保证,也是一个城市发展水平的体现。(图4-142)

社区公园的规划设计应遵循"以人为本"的理念,从人的心理和审美要求出发。规划较大面积的露天、自然且美丽的绿地空间,成为居民休憩的场所,以满足晨练、散步、游乐、娱乐等功能需求。配置居民游憩活动的设施,用以改善人居环境,满足人们亲近自然,提高生活质量的需求。营造公园绿地环境并建设绿色生态体系,以满足人际交往、情感沟通、放松心情的需求。

四、专类公园绿地规划设计

专类公园是具有特定内容或形式,有一定游憩设施的绿地,是城市公园绿地的重要组成部分。《城市绿地分类标准》将专类公园分为动物园、植物园、历史名园、遗址公园、游乐公园,以及雕塑园、盆景园、体育公园、纪念性公园、儿童公园、风景名胜区等其他具有特定主题内容的绿地。(图4-143至图4-151)

图 4-142 社区公园

图 4-143 广州长隆野生动物园

图 4-144 植物园

图 4-145 江南历史名园——瞻园

图 4-146 草鞋山考古遗址公园

图 4-147 青岛海滨雕塑园

图 4-148 北京盆景园

图 4-149 重庆同畔体育文化公园

图 4-150 纪念性公园——北京中山公园

图 4-151 儿童公园

专类公园除了具备城市公园绿地的基本功能以外，根据不同主题特色还需要承载特定的功能，如展现动物、植物等特色资源，以彰显地域性历史人文文化等。新时代发展背景下，如何构建各类专类公园并保证其景观的可持续发展，如何更好地发挥专类公园的生态价值和人文价值，更需要对专类公园进行系统性、创新性和深入性的研究。（表 4-17）

表4-17 主要专类公园设计要点

公园类型	类型	设计要点			
^	^	选址	功能	绿化	小品
动物园	全国性动物园 地区性动物园 野生动物园 小型动物园	交通便利，地形高低起伏，利用自然环境，远离城市，居民区下游、下风地带	科普馆 动物展区 服务休息区 办公管理区	满足动物生态环境需要，提供饲料，防止水土流失，满足遮阴、游憩要求	动物笼设计，满足动物生态习性、饲养管理和参观展览等方面的要求
植物园	科研系统植物园 教育系统植物园 园林系统植物	交通便利，地形地貌复杂，水源充足，土壤条件良好，有丰富的自然植被	展览区 研究试验区 标本区 生活区	植物种类丰富，表现观赏特性，季相特征明显	展示类小品 休息类小品 服务类小品 科研型小品 管理类小品
历史名园	皇家园林 私家园林 寺庙园林	以历史遗迹、遗址为背景建设的公园	入口区 休息活动区 展览区 管理区	古典园林植物配置	传统建筑小品风格
遗址公园	城市遗址 自然遗址 历史事件	以历史遗迹、遗址为背景建设的公园	入口区 休息活动区 展览区 管理区	规则式植物配置为主	小品建筑传承历史文化
主题公园	综合类 文化类 科技类 军事类 康养类	考虑基地的自然条件、区位、交通	活动区 科普教育区 展示区 商业区 管理区	植物造景符合主题的独特性	主题造型设计
纪念性公园	烈士陵园 纪念性公园 墓园 纪念性园林	选用山岗丘陵地带，有一定的平坦地面和水面，交通便利	纪念区 风景游憩区 管理区	规则式植物配置	符合纪念性园林的造型要求
儿童公园	综合性儿童公园 特色儿童公园 小型儿童公园	交通方便，阳光充足、空气流通、排水通畅、无污染的场地	幼儿区 学龄儿童区体育活动区 休闲娱乐区 科技活动区 办公区	忌有毒、有刺，飞絮多的植物，选用叶、花、果形状奇特，色彩鲜艳的树木	造型生动，色彩鲜明丰富，比例尺度适宜
风景名胜公园	山岳型 湖泊型 河川型 瀑布型 海岛型 森林型	交通便利，地形地貌，小气候复杂，充分利用文物古迹、风景名胜点，具有丰富的自然资源	入口区 观赏区 休息活动区 管理区	自然式种植为主，突出生态设计	自然性 生态性 休闲性

五、游园

城市小游园是城市居民休闲娱乐的重要场所，也是城市居民与自然沟通的重要载体，是城市居民日常生活的重要组成部分。现代都市生活的快速发展，极大地影响着人们的生活环境，然而，大部分的城市小型游园却无法适应其周边环境和气候条件。人们对生活品质的要求日益提高，只有充分认识到设计对象的主体，结合生态和经济条件，设计出适宜的休闲环境，才能促进城市的健康、可持续发展，更好地满足人们的生活和心理需要。游园绿地是城市绿化的重要内容。

游园规划设计注意以下要点：

1.布局合理

游园的平面布置不能太过繁复，应采用简洁的几何图案。从审美的角度来看，清晰的几何元素间存在着一种严格的约束，这是最能激发人的审美情趣的。此外，还要运用艺术手法，把人们带进设置好的环境中，做到自然性、生动性和艺术性的结合，在整体效果、远距离和观赏性等方面都很有优势，且更具时代性。（图 4-152）

2.因地制宜

小游园的用地范围小，地势变化不大，要充分利用现有的地形环境，尽量少动土方。这样可节省投资，节约维修费用。提倡以本地植物为主，并适当选择一些具有较强观赏价值的外来树种，在设计和施工时，要考虑到天然的生态环境，注重乔木、灌木、花卉的科学配置，并适当加大垂直绿化的运用，形成"春花、夏荫、秋实、冬青"的四季景观。（图 4-153）

3.交通组织

在规划设计中，确保游客的活动完整，可以设置行人在绿地的一边通过。公园内的道路体系与周围的建筑形态相结合，如有规律的建筑布局，最好采用规整的设计；如园林地势起伏，可按自然布局，园景亦应富有生机，便于停留和休憩。

4.景观质感

游园绿地要兼顾硬质景观与软质景观且互补的原则进行处理，如硬质景观突出点题入景，具有象征与装饰等表意作用；软质景观则突出情趣，具有和谐舒畅等作用。（图 4-154、图 4-155）

图 4-152 游园

图 4-153 武汉樱花游园

图 4-154 公园中的雕塑形成硬质景观

5.以小见大

布置要简洁,最大限度地利用土地,把花园中的死角转换成活角等。丰富的空间层次,利用地形道路和植物小品分隔出不同的空间,并利用不同的隔断花墙形成花园。建筑小品以精巧取胜;道路、铺地、坐凳、栏杆的数量和体积要尽量做到最大限度地满足游客的活动需求,既能让游客感受到亲切,又能增加空间感受。(图4-156、图4-157)

6.动静分区

在小游园的规划中,应注重动静的划分,同时要注重活动空间的开放性与私密性。在空间上,应注意动观、静观、群游与独赏,以达到满足游客需求的空间形态。(图4-158、图4-159)

图4-155 游园植物造景

图4-156 网师园引景桥在造景中起到以小见大的效果

图4-157 小游园绿地景观

图4-158 游园里的动态空间

图4-159 亭子在游园里形成静态空间

【项目思政】

2010年上海世博会确立了"城市让生活更美好"的主题，并提出了三大和谐的中心理念，即"人与人的和谐，人与自然的和谐，历史与未来的和谐"。主题是城市多元文化的融合、城市经济的繁荣、城市科技的创新、城市社区的重塑、城市和乡村的互动。在上海世博会筹办举办过程中，全体办博人员大力培育和弘扬为国争光的爱国精神、全心为民的服务精神、团结协作的团队精神、严谨科学的实干精神、追求卓越的创新精神、爱岗敬业的奉献精神，为上海世博会取得成功提供了强大精神支撑。实现了中华民族百年世博梦想，向世界展示了中华民族五千多年灿烂文明，展示了我国各族人民团结奋斗的精神风貌，增强了民族自豪感、自信心、凝聚力。

【理论研究】

项目六　风景区绿地规划

风景区指风景资源集中、环境优美、具有一定规模和游览条件，可供人们游览欣赏、休憩娱乐或进行科学文化活动的地域。

风景区绿地规划，是保护、培育、开发、利用、经营、管理风景区，并发挥其多种功能作用的统筹部署和具体安排。推动与实现风景区的发展目标，制订一定时期内系统性的优化行动计划的决策过程。它要确定性质、特征、作用、价值、利用目的、开发方针、保护范围、规模容量、景区划分、功能分区、游览组织、工程技术、管理措施和投资效益等重大问题的对策；提出正确处理保护与使用、远期与近期、整体与局部、技术与艺术等关系的方法，达到使用区内与外界有关的各项事业协调发展的目的。经相应的人民政府审查批准后的风景区规划，具有法律权威，必须严格执行。

一、风景区绿地规划设计原则

1.风景区总体规划原则

风景区规划必须符合我国国情，与国土规划、区域规划、城市总体规划、土地利用总体规划及其他相关规划相互协调，因地制宜地突出本风景区特性。并应遵循下列原则：

（1）依据资源特征、环境条件、历史情况、现状特点及国民经济和社会发展趋势，统筹兼顾，综合安排。

（2）严格保护自然与文化遗产，保护原有景观特征和地方特色，维护生物多样性和生态良性循环，防止污染和其他公害，充实科教审美特征，加强地被和植物景观培育。

（3）充分发挥景源的综合潜力，展现风景游览欣赏主体，配置必要的服务设施与措施，发挥风景区运营管理职能，防止人工化、城市化、商业化倾向，促使风景区有度、有序、有节律地持续发展。

（4）合理权衡风景环境、社会、经济三方面的综合效益，权衡风景区自身健全发展与社会需求之间的关系，创造风景优美、设施方便、社会文明、生态环境良好、景观形象独特、有游赏魅力、人与自然协调发展的风景游憩境域。

2.风景区范围确定原则

（1）对景源特征、景源价值、生态环境等应保障其完整性，不得因划界不当而有损其特征、价值或生态环境。

（2）在一些历史悠久和社会因素丰富的风景区划界中，应维护其历史特征，保持其社会延续性，使历史社会文化遗产及其环境得以保存，并能永续利用。

（3）在对待地域单元矛盾时，应强调其相对独立性。自然区、人文区、行政区、线状区等地域单元形式，在划界中均应考虑其相对独立性及其带来的主要状态关系。

（4）在对待风景区保护、利用、管理的必要性时，应分析所在地的环境因素对景源保护的需求、经济条件对开发利用的影响、社会背景对风景区管理的要求，综合考虑风景区与其社会辐射范围的供需关系，提出风景区保护、利用、管理的必要范围。

（5）在确定风景区范围时，有时会与原有行政区划发生矛盾，特别是一些原始性较强的山水景观又常处在原有行政区划的边缘或数个行政区划的交接部位，为了有效保护和合理利用与科学管理这些景源，

表4-18 风景区资源等级特征

级别	特征
特级	具有珍贵、独特、世界遗产价值和意义,有吸引力,世界奇迹
一级	具有名贵、罕见、国家重点保护价值和国家代表性作用,国际吸引力
二级	具有重要、特殊、省级重点保护价值和地方代表性作用,省际吸引力
三级	具有一定价值和游线辅助作用,市县级保护价值,地区吸引力
四级	具有一般价值和构景作用,有当地吸引力

这时既要不受原有行政区划的限制，又要在适当的行政主管支持和相关部门协同下，或是调整行政区划，探讨一种合理可行的风景区范围。

3.风景区性质确定原则

风景区的性质,必须依据风景区的典型景观特征、游览欣赏特点、资源类型、区位因素及发展对策与功能选择来确定。

（1）风景特征：从景源评价结论中提取，考虑景观和景源同其他资源间的关系，要参照现状分析中关于风景区发展优势和区位因素的论证。

（2）主要功能：涉及风景区发展的社会经济技术条件，及其在相关范围、相关领域的战略地位，合理确定景区功能。

（3）风景区级别：结合风景区的发展动力、发展对策和规划指导思想，拟定风景区的级别定位。分为特级、一级、二级、三级、四级等五个级别。（表4-18）

4.风景区目标确定原则

确定目标是目标分析的结果，是提出问题、界定问题、解决问题的方法。风景区目标确定涉及国民经济长远规划和相关地域的社会经济发展规划。

（1）贯彻严格保护、统一管理、合理开发、永续利用的基本原则。

（2）充分考虑历史、当代、未来三个阶段的关系，科学预测风景区发展的各种需求。

（3）因地制宜地处理人与自然的和谐关系。

（4）使资源保护和综合利用、功能安排和项目配置、人口规模和建设标准等各项主要目标，国家与地区的社会经济技术发展水平、趋势及步调相适应。

5.风景区规划分区原则

风景区的规划分区，是为了使众多的规划对象有适当的区划关系，以便针对规划对象的属性和特征分区，进行合理的规划和设计，实施恰当的建设强度和管理制度。既有利于展现和突出规划对象的分区特点，也有利于加强风景区的整体特征。

规划分区，应突出各分区的特点，控制各分区的规模，并提出相应的规划措施；还应解决各个分区间的分隔、过渡与联络关系；应维护原有的自然单元、人文单元、线状单元的相对完整性。

规划分区的大小、粗细、特点是随着规划深度而变化的。规划越深则分区越精细，分区规模越小，各分区的特点也越显简洁或单一，各分区之间的分隔、过渡、联系等关系的处理也趋向精细和丰富。风景区应依据规划对象的属性、特征及其存在环境进行合理区划，并应遵循以下原则及规定：

（1）同一区内的规划对象的特性及其存在环境应基本一致。

（2）同一区内的规划原则、措施及其成效特点应基本一致。

（3）规划分区应尽量保持原有的自然、人文、线状等单元界限的完整性。

（4）调节控制功能特征时，进行功能分区。

（5）组织景观和游赏特征时，进行景区划分。

（6）确定保护培育特征时，进行保护区划分。

（7）在大型或复杂的风景区中，多种方法协调并用。

6.风景区规划结构原则

风景区的规划结构，是为了把众多的规划对象组织在科学的结构规律或模型关系之中，以便针对规划对象的性能和作用结构，进行合理的规划与配置，实施结构内部各要素间的本质性联系、调节和控制，使其有利于规划对象在一定的结构整体中发挥应有的作用，也有利于满足规划目标对其结构整体的功能要求。

风景区规划应依据规划目标和规划对象的性能、作用及其构成规律，组织整体规划结构或模型并应遵循下列原则：

（1）规划内容和项目配置应符合当地的环境承载能力、经济发展状况和社会道德规范，并能促进风景区的自我生存和有序发展。

（2）有效调节控制点、线、面等结构要素的配置关系。

（3）解决各枢纽或生长点、走廊或通道、片区或网点之间的本质联系和约束条件。

规划结构方案的形成可以概括为三个阶段：一是要界定规划内容组成及其相互关系，提出若干结构模式；二是利用相关信息资料对其进行分析比较，预测并选择规划结构；三是以发展趋势与结构的变化，对其进行反复检验和调整，并确定规划结构方案。

7.风景区规划布局原则

风景区应依据规划对象的地域分布、空间关系和内在联系进行综合部署，形成合理、完善而又有自身特点的整体布局，并应遵循下列原则：

（1）正确处理局部、整体、外围三层次的关系。

（2）解决规划对象的特征、作用、空间关系的有机结合问题。

（3）调控布局形态对风景区有序发展的影响，为各组成要素、各组成部分能共同发挥作用创造满意条件。

（4）构思新颖，体现地方和自身特色。

8.风景区规划生态原则

（1）制止对自然环境的人为消极作用，控制和降低人为负荷，应分析人的数量、活动方式与停留时间，分析设施的类型、规模、标准，分析用地的开发强度，提出限制性规定或控制性指标。

（2）保持和维护原有生物种群、结构及其功能特征，保护典型而有示范性的自然综合体。

（3）提高自然环境的复苏能力，提高氧、水、生物量的再生能力与速度，提高其生态系统或自然环境对人为负荷的稳定性或承载力。

二、风景区绿地规划

1.风景区绿地总体规划内容

（1）分析风景区的基本特征，提出景源评价报告。

（2）确定规范依据、指导思想、规划原则、风景区性质与发展目标，划定风景区范围及其外围保护地带。

（3）确定风景区的分区、结构、布局等基本构架，分析生态调控要点，提出游人容量、人口规模及其分区控制。

（4）制订风景区的保护、保存或培育规划。

（5）制订风景游览欣赏和典型景观规划。

（6）制订旅游服务设施和基础工程规划。

（7）制订居民社会管理和经济发展引导规划。

（8）制订土地利用协调规划。

（9）提出分期发展规划和实施规划的配套措施。

2.风景区绿地资源分类

风景区绿地资源分类应符合我国《风景名胜区规划规范》的相关规定要求。（表4-19）

3.风景区绿地游人容量

风景区游人容量是指在保持景观稳定性，保障游人游赏质量和舒适安全，以及合理利用资源的限度内，单位时间、一定规划单元内所能容纳的游人数量；风景区游人容量是确定内部各种设施数量或规模的依据，是限制某时、某地游人过量集聚的警戒值。

游人容量分为一次性游人容量、日游人容量和年游人容量三个层次。（表4-20）

依据《风景名胜区总体规划标准》GB/T50298-2018，风景区游人容量应根据该地区的生态允许标准、功能技术标准、游览心理等因素进行计算以及采取多种方法校核后综合确定。（表4-21）

游人容量的计算方法宜分别采用线路法、面积法、卡口法、综合平衡法。

（1）线路法：以每个游人所占平均游览道路面积计，宜为 5 m^2/人—10 m^2/人。

（2）面积法：以每个游人所占平均游览面积计。其中：主景景点宜为 50 m^2/人—100 m^2/人（景点面积）；一般景点宜为 100 m^2/人—400 m^2/人（景点面积）；浴场海域宜为 10 m^2/人—20 m^2/人（海拔0—-2 m 以内水面）；浴场沙滩宜为 5 m^2/人—10 m^2/人（海拔0—+2 m 以内沙滩）。

表4-19 风景名胜区规划分类

大类	中类	小类
自然景观	天景	日月星光、朝霞晚霞、气候景象、自然声象、云雾、冰雪等
	地景	山地、峡谷、洞府、石林、沙漠、熔岩、海岸、地质景观等
	水景	溪流、江河、湖泊、瀑布跌水、滩涂、海湾、冰川等
	生景	珍稀生物、森林、草原、植物生态群、动物栖息地、季相景观等
人文景观	园景	历史名园、现代公园、专类园、庭院、纪念性园林等
	建筑	风景建筑、民居、商业服务、宫殿、纪念建筑、工程结构物等
	胜迹	遗址遗迹、石窟、雕塑、纪念地、科技工程、文旅景观等
	风物	民风民俗、节假庆典、地方文物、产物等

表4-20 游人容量层次

层次	单位
一次性游人容量	人/次
日游人容量	人次/日
年游人容量	人次/年

（3）卡口法：实测卡口处单位时间内通过的合理游人量，单位以"人次/单位时间"表示。

（4）综合平衡法：游人容量计算结果应以当地的淡水供水、用地、相关设施及生态环境质量等条件进行校核与综合平衡，确定合理的游人容量。

三、风景区绿地专项规划

1.保护培育规划

风景区的基本任务和作用之一是保护培育国土树立国家和地区形象。风景区的培育保护规划是对需要培育的对象与因素实施系统控制和具体安排，使对象在被利用中得到保护或在保护的条件下被合理利用，以增强其价值。风景区保护培育规划包括查清保育资源、明确保育的具体对象、划定保护范围、确定保育原则和措施等基本内容。

风景保护区的分类包括生态保护区、自然景观保护区、史迹保护区、风景恢复区、风景游览区和发展控制区。（表4-22）

表4-21 游憩用地生态容量

用地类型	允许容人量和用地指标	
	人/hm²	m²/人
针叶林地	2—3	5000—3300
阔叶林地	4—8	2500—1250
森林公园	<15—20	>660—500
梳林草地	20—25	500—400
草地公园	<70	>140
城镇公园	30—200	330—50
专用浴场	<500	>20
浴场水域	1000—2000	20—10
浴场沙滩	1000—2000	10—5

表4-22 风景保护区分类

保护要点	保护分区	保护对象	保护措施
根据保护对象的种类及属性特征，按土地利用的方式来划分	生态保护区	有科研价值和其他保护价值的生物种群及其环境	禁止游人进入，禁止人工设施，禁止机动交通及其设施进入
	自然景观保护区	需要严格限制开发行为的特殊自然景观	宜控制游人进入，不得安排与其无关的人工设施，严禁机动交通及其设施进入
	史迹保护区	各级文物和有价值的历史遗迹及其环境	宜控制游人进入，严禁增设与其无关的人工设施，严禁机动交通和不利于保护的因素进入
	风景恢复区	需要重点恢复、培育、涵养、保持的对象与地区	应分别限制游人和居民活动，可以采取必要的技术措施与设施，严禁对其不利的活动
	风景游览区	景物、景点、景区、景群等各级风机结构单元和风景游览对象的集中地	宜安排各类游览观赏项目，应分级调控游人规模、旅游设施及机动交通配置
	发展控制区	上述五类保护区以外的用地与水面以及其他各项用地	准许原有的土地利用方式与形态，可以安排相应的旅游设施及基地，应分别控制其规模和内容

表4-23 游览项目类别

游览类别	游览项目
野外游憩	休闲散步、郊外野游、垂钓、登山攀岩、骑驭
审美欣赏	摄影、写生、访古、寄情、鉴赏、品评、创作
科技教育	考察、探险、观测、科普、教育、采集、纪念、宣传、展览
娱乐教育	游戏、健身、演艺、体育、体智技能运动
休养保健	避暑避寒、露营、休养、疗养、温泉浴、森林浴、日光浴、泥沙浴
其他	民俗节庆、社交聚会、购物商厦、劳作体验

2.风景游览规划

风景游览的属性、数量、质量、时间和空间等因素决定着游览欣赏系统规划是各类各级风景区规划中的主要内容。风景游览规划应包括景观特征分析与景象展示构思、游览项目组织、风景单元组织、游览路线组织与游程安排、游人容量调控和风景游览系统结构分析等基本内容。

游览项目的类别应根据风景区的具体情况进行安排。（表4-23）

3.典型景观规划

风景区应依据其主体特征景观或有特殊价值的景观进行典型景观规划。典型景观大多是在人杰地灵之地，自然天成的事物或者现象，例如黄山云海日出、蓬莱海市蜃景。因此典型景观规划要保护典型景观本体及其环境，挖掘和利用其景观特征和价值，发挥其应有作用。典型景观规划主要有植物景观规划、建筑景观规划、溶洞景观规划和竖向景观规划等项目。

4.游览设施规划

游览设施规划是风景区的有机组成部分，主要包括游人与游览设施现状分析、客源分析预测与游人发展规模的选择、游务设施配置与直接服务人口的估算、旅游基地组织与相关基础工程和游务设施系统及其环境分析。

5.基础工程规划

风景区的地理位置和环境条件十分丰富，因而涉及的基础工程规划项目也十分复杂。风景区基础工程规划应包括交通运输、道路桥梁、邮电通信、给水排水、供电能源等内容，根据实际需要可以进行防洪、防火、抗灾、环保、环卫等工程规划。基础工程规划项目要符合风景区的实际需求，各项规划的内容和深度及技术标准应与风景区规划的阶段要求相适应，各项规划之间应在景区的具体环境和条件中进行协调。

6.经济引领规划

经济发展引领规划，应以国民经济和社会发展规划、风景与旅游发展战略为基本依据，形成独具风景区特征的经济运行条件。主要包括经济现状调查与分析、经济发展的引领方向、经济结构及其调整、空间布局及其控制和促进经济合理发展的措施等内容。

7.土地利用规划

土地利用协调规划应包括土地资源分析评估、土地利用现状分析及其平衡表、土地利用规划及其平衡表等内容。风景区按土地使用的主导性质可分为：风景游赏用地、游览设施用地、居民社会用地、交通与工程用地、林地、耕地、草地、水域、滞留用地。

8.分期发展规划

风景区总体规划分期的规定为三个阶段。第一期或近期规划为 5 年以内，第二期或远期规划为 5—20 年，第三期或远期规划大于 20 年。近期发展规划应提出发展目标、重点和主要内容，远期发展规划应提出发展期内的发展重点、主要内容、发展水平、投资匡算、健全发展的步骤与措施及风景区规划所能达到的最佳状态和目标。

9.居民社会调控规划

凡含有居民点的风景区必须编制居民社会系统规划，主要包括现状、特征与趋势分析、人口发展规模与分布、经营管理与社会组织、居民点性质、职能、动因特征和分布、用地方向与规划布局、产业和劳动力发展规划等内容。

【项目思政】

2022 年 8 月 21 日重庆北碚缙云山山脉遭遇山火，无数重庆人用血肉之躯在隔离带上组成了一道防火长城，守卫着缙云山风景区的最后一道防线。在人与火的对峙中，消防救援人员、武警战士和无数的志愿者们不惧艰难、团结一致，打赢了一场新时代的淮海战役，展现了中华民族精神和中国式凝聚力。面对焦黄的土地，那是缙云山风景区绿地规划中最浪漫的英雄主义色彩。"一起去种树"成为重庆人最质朴、最长情的约定，也是每一位风景园林设计师守护国土空间的初心使命。

【实践探索】

城市风景园林绿地规划设计

一、任务提出

围绕生态文明建设，选择一处城市风景园林绿地完成规划设计。

二、任务分析

从实际项目出发，把握社会发展规律，体现新时代城市绿地风貌，选题不限于城市更新、棕地修复、海绵城市建设、遗产保护、生态可持续等方面。

三、任务实践

城市风景园林绿地规划设计，完成规划设计图纸，具体要求如下：

1. 完成前期资源分析，包括区位分析、环境因子分析、人流分析、人文分析等。

2. 草图构思，包括构思过程、意象表达、预期效果等。

3. 总平面图，包括总平面方案、景观节点命名、指北针等。

4. 专项分析图，包括功能分析图、交通分析图、节点分析图、视线分析图、竖向分析图等。

5. 植物配置图，包括植物季相说明、植物名录表等。

6. 完成专项施工图设计，包括景观轴横、纵剖面图，景观节点平面图、立面图、剖面图、大样图等。

7. 完成效果图、动画展示、模型展示等。

8. 完成设计说明，包括场地概况、设计依据、设计思想、设计原则、设计内容、技术经济指标等。

四、任务评价

1. 城市风景园林绿地规划设计符合时代发展，具有应用价值。

2. 图纸内容完整，制图规范，有良好专业的表现力。

3. 设计方案体现改革创新的时代精神。

4. 设计说明内容完整，尊重科学规律，有正确的价值观。

【知识拓展】

城市双修

城市双修即生态修复和城市修复。生态修复的目的是有计划、有步骤地修复被破坏的山体、河流、植被，通过一系列手段恢复城市生态系统的自我调节功能；城市修补，重点是不断改善城市公共服务质量，改进市政基础设施条件，发掘和保护城市历史文化和社会网络，改善人居环境，使城市功能体系及其承载的空间场所得到全面系统的修复、弥补和完善。城市双修的基本原则是：政府统筹、共同推进，因地制宜、有序推进，保护优先、科学推进，以人为本、有效推进。

模块五

乡村园林绿地规划解析

项目一　乡村绿地规划概述
项目二　村镇公园绿地规划
项目三　新农村社区绿地规划

模块五 乡村园林绿地规划解析

【模块简介】

乡村是具有自然、社会、经济特征的地域综合体，乡村风景园林绿地规划兼具生产、生活、生态、文化等多重功能，与城镇互促互进、共生共存，共同构成人类活动的主要空间。本模块以乡村绿地规划概述基础理论为出发点，重点解析村镇公园绿地规划和新农村社区绿地规划，包括绿地的特点、分类、布局及规划设计要点，围绕大国"三农"、生态文明、文化传承、遗产保护方面等挖掘项目思政元素，提炼乡村绿地系统中的科学规律和"三农"情怀。在实践探索环节中，通过乡村风景园林绿地规划设计实训，培养风景园林绿地规划设计的综合能力和高阶思维。

【知识目标】

了解乡村绿地规划的要点、分类及指标，掌握乡村绿地规划植物配置；理解村镇公园和新农村绿地规划的特点、分类及布局，掌握村镇公园和新农村绿地规划设计。

【能力目标】

完成乡村风景园林绿地规划设计，掌握规划设计的基本内容和表现手法。

【思政目标】

在乡村绿地规划中，感受大国"三农"、乡土文化，培育生态文明观和"三农"情怀，懂得知农、爱农、强农、兴农。

【理论研究】

项目一 乡村绿地规划概述

一、乡村绿地规划要点

（1）以人为本，着重体现与人类居住有关的要素，反映村民对环境的主客观感受和客观需求。

（2）因地制宜，我国农村的情况多种多样，资源分配不均，发展水平参差不齐，社会结构复杂，农村人居环境建设起点不同、标准高低不一、进展快慢不同、项目多少不一，在规划设计过程中必须把握因地制宜。

（3）尊重村庄的个性，不同的特点、结构形式、节点空间等，强调乡村绿地规划与建设的地方性。具体表现为尊重地方及区域生态环境，尊重和保护地方文化、传统文化和地方风俗习惯，发展地方规模经济、挖掘乡土经济的潜力，注重乡土建筑形式、村落形态以及村落中重要的节点空间，重视乡村在地化知识等。（图5-1至图5-3）

（4）多因素均衡，乡村绿地系统是水、能源、交通、建筑、环境景观、社会事业等因素之间的相互

图5-1 大美石窑

图5-2 陕北民俗文化领略基地

模块五　乡村园林绿地规划解析

图 5-3　榆林市佳县上高寨乡王家山村大美石窑

作用、相互竞争与协同关系的一个复杂的系统，因此强调多因素均衡互制的天人合一或天地合和的合和观。乡村绿地规划不能仅靠规划师来完成，而是需要许多相关领域的学者与专家及村民共同协作和参与。（图 5-4）

（5）考虑系统各要素之间的利益平衡，寻求乡村整体居住环境的最佳化，而非单一因素的最佳化。权益论是强调各个体系之间的平等关系，主张自然界的生命与非生命的客观主体都享有与人类同等的生存和发展的权利。

（6）在尊重生态背景的前提下，坚持以生态发展和维护可持续的生态资源为前提，并充分尊重自然地貌、水系、自然植被等自然条件，设立禁开发区，保护耕地、建立自然景观和重要环境保护区，激活乡村的生态资源价值。（图 5-5、图 5-6）

（7）乡村绿地规划是我国乡村振兴战略发展的一个过程，是多种因素相互作用的综合体。持续性的规划梳理其中各种因素和系统链接的关系，找出其脆弱或不适应的局部"致障点"，以使乡村绿地系统朝着更为良性、更具有生存能力和适应能力的方向发展。

二、乡村绿地规划的分类

乡村绿地分类体系要从系统整合的角度协调相关部门出台的法规规范，遵守住房和城乡建设部的《城市用地分类与规划建设用地标准》（GB50137—2011）、《镇规划标准》（GB50188—2007）、《村

图 5-4　村民参与人居环境整治

图 5-5　无锡激活乡村生态价值

图 5-6　德阳高槐村守护乡土生态资源

庄整治技术规范》（GB50445—2008）、《土地利用现状分类》（GB/T21010—2007）中有关绿地分类的规定，和《城市绿地分类标准》（CJJ/T85—2017）相衔接，便于实施操作与建设管理。

乡村绿地具有多种功能，包括生产、景观、游憩、生态防护、旅游、教育等。用乡村绿地的核心功能来对乡村绿地进行分类，是乡村绿地系统规划和绿化建设管理工作的重要保障。乡村绿地不仅包括乡村建设用地内的绿地，还包括建设用地之外，对乡村的生态、景观、安全防护和居民休闲活动直接影响的绿地，从而保证乡村绿地系统规划的科学性。镇级绿地和村级绿地规模不同，地形不同，经济发展水平也存在差异。因此，分类也采用不同层次。

1.镇绿地分类

镇绿地分为公园绿地、防护绿地、附属绿地和生态景观绿地四类。

（1）公园绿地：指向公众开放，以游憩为主要功能，兼具生态、美化等作用的镇区绿地。包括镇区级公园和社区公园。

①镇区级公园：为全体居民服务，内容较丰富，有相应设施的规模较大的集中绿地。包括特定内容或形式的公园及大型的带状公园。

②社区公园：为一定居住用地范围内的居民服务，具有一定活动内容和设施的绿地。包括小型的带状绿地。

（2）防护绿地：镇区中具有卫生隔离和安全防护功能的绿地。

（3）附属绿地：镇区建设用地中除绿地之外各类用地中的附属绿化用地。包括居住绿地、公共设施绿地、生产设施绿地、仓储用地、对外交通绿地、道路广场绿地和工程设施绿地。

①居住绿地：居住用地中宅旁绿地、配套公建绿地、小区道路绿地等。

②公共设施绿地：公共设施用地内的绿地。

③生产设施绿地：生产设施用地内的绿地。

④仓储用地：仓储用地内的绿地。

⑤对外交通绿地：对外交通用地内的绿地。

⑥道路广场绿地：道路广场用地内的绿地，包括行道树绿带、交通岛绿地、停车场绿地和绿地率小于65%的广场绿地等。

⑦工程设施绿地：工程设施用地内的绿地。

（4）生态景观绿地：对村庄生态环境质量、居民休闲生活、景观和生物多样性保护有直接影响的绿地。包括生态防护绿地、风景游憩绿地和生产绿地。

①生态防护绿地：以保护生态环境，保护生物多样性，保护自然资源为主的绿地。

②风景游憩绿地：具有一定的设施、风景优美，以观光、休闲、游憩、娱乐为主要功能的绿地。

③生产绿地：以生产经营为主的绿地。

2.村绿地分类

村绿地分为公园绿地、环境美化绿地和生态景观绿地三类。

（1）公园绿地：向公众开放、以游憩为主要功能，兼具生态、美化、景观等作用的绿地。包括小游园、沿河游憩绿地、街旁绿地和古树名木周围的游憩场地等。

（2）环境美化绿地：以美化村庄环境为主要功能的绿地。

（3）生态景观绿地：对村庄生态环境质量、居民休闲生活和景观有直接影响的绿地。包括生态防护林、苗圃、花圃、草圃、果园等。

三、乡村绿地规划定额指标

1.镇绿地

（1）人均公园绿地面积（m²/人）=镇区公园绿地面积（m²）/镇区人口数量（人）

$$A_{glm}=A_{tg1}/N_{tp}$$

（2）绿地率（%）=[（镇区公园绿地面积（m²）+镇区防护绿地面积（m²）+镇区附属绿地面积（m²））/镇区建设用地面积（m²）]×100%

$$\lambda g=[(A_{tg1}+A_{tg2}+A_{tg3})/At]×100\%$$

2.村绿地

（1）人均公园绿地面积（m²/人）=村庄公园绿地面积（m²）/村庄人口数量（人）

$$A_{glm}=A_{vg1}/N_{tp}$$

图 5-7 乡村田园景观

图 5-8 广东麻涌镇曲水岸香

（2）绿地率（%）=[（村庄公园绿地面积（m²）+ 村庄环境美化绿地面积（m²）/ 村庄建设土地面积（m²）]×100%

$$\lambda g=[(A_{vg1}+A_{vg2})/A_v]\times 100\%$$

四、乡村绿地规划植物配置

乡村绿地规划植物配置应充分突出乡土特色，挖掘其自身特点和内涵。充分利用自然地形条件结合自然条件与地域文化注重利用和保护现有的自然植被，尽量减少对原有植被的破坏。农田作物、农宅前后的果园、菜园，体现乡村田园风情和自然景观，是乡村绿地生态环境的重要组成部分（图 5-7）。绿地规划先要确定绿化结构体系确定农田保护区、生态保护区、绿化防护带、滨水景观带、历史遗迹保护区、重要景观节点等，形成具体的规范，因地制宜营造自然生态的绿化形态。滨水沿岸绿化植物尽量保持岸边原生植被。沿岸剖面形成水生植物、灌木、乔木过渡结合的层次，根据景观视觉效果在不同河段疏密配置。（图5-8）

植物种植体现乡村特征，可利用瓜果蔬菜进行辅助绿化，可选用柿子、石榴、葡萄、枣、杏等果树，这些果树挂果时间长，易管理。也可以种植食用蔬菜，如大蒜、葱、韭菜等，既保持绿色环境，又方便生活所需。种植观花、观果植物，进行垂直空间绿化，有利于夏季隔热，是生态园林、经济型园林的体现。我国南北方经济树种丰富，其代表植物如表 5-1。

【项目思政】

乡村兴则国家兴，乡村衰则国家衰。我国人民日益增长的美好生活需要和不平衡不充分的发展之间的矛盾在乡村最为突出，我国仍处于并将长期处于社会主义初级阶段，它的特征很大程度上表现在乡村。全面建成小康社会和全面建设社会主义现代化强国，最艰巨最繁重的任务在农村，最广泛最深厚的基础在农村，最大的潜力和后劲也在农村。实施乡村振兴战略，是解决新时代我国社会主要矛盾、实现"两个一百年"奋斗目标和中华民族伟大复兴中国梦的必然要求，具有重大现实意义和深远历史意义。

表5-1 我国南北方经济树种代表植物

	北方	南方
经济树种	核桃、板栗、枣树、桑树、枸杞、柿树、沙棘、怪柳、香椿	油茶、肉桂、乌桕、油棕、椰子、漆树、沉香、油桐、八角
用材树种	红松、落叶松、杨树、栎树、槐树、榆树、胡杨、臭椿	杉木、马尾松、云南松、楠木、樟树、榕树、高山松、铁杉、圆柏
果树	苹果、桃树、杏树、梨树、海棠、石榴、樱桃、李子	柑橘、金橘、枇杷、杨梅、荔枝、香蕉、槟榔、芒果

【理论研究】

项目二　村镇公园绿地规划

村镇公园绿地是村镇区域内面向社会开放、以休闲为主、生态美化为目的的绿色空间。根据《镇（乡）村绿地分类标准》（CJJ/T168-2011），村镇公园绿地按照镇和村两个层次进行分类，主要包括镇区级公园、社区公园、村庄小游园、沿河游憩绿地、街旁绿地和古树名木周围的游憩场地。

一、村镇公园的特点

村镇公园是一种与普通城市园林、与传统农村农业生产活动相区别的新型园林形式。在原有的村落资源基础上进行了再设计，使自然景观、人文景观、农业景观三者有机结合。因而，与其他公园相比，乡村公园具有自己的特点。（图5-9）

1.村镇公园环境特征

（1）村镇公园具有较好的自然环境资源。空气清新，溪流清澈，植物资源丰富，乡间农舍朴实宜人，是村镇的自然景观，村镇除绿地以外的其他用地以廊道和斑块的形式分布于绿地中。

（2）村镇公园规划设计源于自然，反哺自然。村镇公园要保持和营造良好的生态效果，以维护、改善和调节城镇生态环境为目标。利用生态学的基本原理，通过吸收有害气体、释放氧气、杀菌等多种功能，使具有不同生态特征的植物在不同的环境中各司其职，从而形成一个稳定的生态系统，确保生态效益最大化。同时，村镇公园也应注意到对各种动植物及微生物的保护。

（3）村镇公园环境具有复合性。生产生活空间相互叠加和重构。

2.文化实体特征

（1）村镇文化实体景观是一种文化凝聚物，是看得见的、与村民的生产生活紧密相关的景观资源。主要包括：建筑类、交通类、农业景观类、旅游设施类等。

图5-9 山西寿阳县村镇公园局部效果

图5-10 闽南乡村古建筑

图5-11 乡村古建筑景观

①建筑类：主要包括古建筑、古遗址、园林建筑、祭祀建筑、民俗类、纪念类、公共建筑类。（图5-10、图5-11）

②交通类：陆地交通类、水上交通类、园路、遗址类、交通工具类。（图5-12）

③农业景观类：农业土地形态类、农业设施类、农作物类。（图5-13至图5-16）

④旅游设施类：接待设施类、餐饮设施类、服务性设施类、游憩设施类、娱乐设施类、观光设施类。（图5-17）

图 5-12 大足"四好农村路"图

图 5-13 婺源花海蜂巢景观

图 5-14 南京高淳慢城田园

图 5-15 苏州江南农耕文化园

图 5-16 河南省王湾村传播农耕文化

图 5-17 广州迳下村花海田园观光景色

（2）村镇公园规划设计对文化实体资源的利用与发展。我国幅员辽阔的村镇，在丰富的物质文化遗产的基础上，形成了具有鲜明个性的乡村风景。村镇公园建设要充分挖掘和开发文化实体资源。依托古建筑、古树、古遗址、农业用地形态等现有资源，开发具有区域文化特征的乡村公园。或将村落中的古代建筑或具有象征意义的物质资源的符号语言、构成法式、色彩材料等，加以扩展运用，在新公园的布局、构思、建筑细部、设施小品等方面呈现出来，并将其作为一种文化实体，得以延续和发展。

3.人文精神特征

（1）乡村人文精神资源丰富。主要包括：文化艺术类、风俗礼仪类、价值观念类等。

①文化艺术类：即音乐舞蹈、绘画、体育游戏、戏剧、装饰等。

②风俗礼仪类：即节日、习俗、冠服、民间传统等。

图5-18 山西乡村风俗

图5-19 山东枣庄特色文化景观

③价值观念类：即环境观、道德观、审美观、生活观、生产观等。

（2）村镇公园在规划中应注意充分利用和发挥人文精神资源，既要确保文化的多样性，又要确保传统的适用性。村镇公园在利用背景环境特征时，要注意合理利用、继承、保护和发扬好的资源，不能盲目仿效城市园林的设计手法，盲目跟风，失去村镇特色。（图5-18、图5-19）

4.功能特征

（1）社会功能

①提供乡民公共交往的空间：村镇公园应能承载乡民的户外运动与邻里交往，注重设施的配套建设。村镇公园的建设应充分考虑学龄前儿童游戏的沙坑、青少年运动的篮球场、老年人交流的长凳、花架和凉亭等。

②休闲生活空间：农业技术的提高解放了乡民的工作时间，二、三产业在新型村镇的立足也带来了劳动方式的转变，这使得当代农民对业余的休闲生活的诉求成为可能。村镇公园可通过健身器材、小型广场等的设置满足此种需要，将健康的生活理念与生活方式普及。

（2）经济功能

村镇公园的选址与设计要做到投资少，维护容易。且与农村的农业生产相结合；在发展观光的乡镇，可利用乡镇旅游，以其优良的设计，吸引外乡人，展示原乡特色，增进沟通，增加村民收入。

（3）环境功能

作为休闲、居住的场所，村镇公园自身的优良自然环境应该承担起美化环境、净化环境的作用。在某种程度上，也是一种自然教育。（图5-20至图5-22）

二、村镇公园的分类

1.按等级分

考虑到大多数村镇的发展状况，将村镇公园按规模等级归纳为三类：镇域及镇区级综合公园、村落游园、邻里游园。（表5-2）

2.按形态分

村镇公园按形态主要可以分为面状公园、带状公园和点状公园。（表5-3）

三、村镇公园的布局

1.镇域及镇区级村镇公园布局

（1）单点布局

在团状村镇一般单个的综合公园足以服务整个

图 5-20 嘉兴新竹景区生态环境教育基地

图 5-21 桐乡市屠甸镇汇丰村生态文明教育基地

图 5-22 平湖市广陈镇山塘村生态文明教育基地

表5-2 村镇公园按等级分类

等级	特点	规模（hm²）
镇域及镇区级综合公园	服务于镇域或镇区居民，公园建设在村镇中经济程度发展较高的集镇，兼具城市综合公园与社区公园的特点。	≥2
村落游园	村落游园服务于整个村庄的全体村民，配备一定游憩设施的村镇公园，在乡村的空间结构中占有重要地位，是整个乡村的公共交往空间。	0.5—10
邻里游园	邻里游园是配备一定的休憩设施、服务于乡民日常生活的村镇公园，具有面积小、选址灵活、使用率高、设计风格多变的特点。	0.1—0.5

表5-3 村镇公园按形态分类

形态	特点
面状公园	长边和宽边长度没有显出差别的有一定面积的公园为面状公园。
带状公园	带状的村镇公园是利用河道、林带、街巷、道路、带状地形等线形资源建设，或者受周边用地限制形成狭长形的公园。带状公园具有可达性高、服务半径大、流线清晰的特点。
点状公园	面积小于0.5 hm²的公园称为点状公园，侧重于休闲康体设施的布置，为乡民提供人性化的服务。

村镇；组团状村镇因山体或湖泊分割而形成各组团，则既可以利用山体修建一个富有山野特色的中心综合公园或以湖体组织修建公园。这样公园的位置也位于各组团连接处，可辐射各个组团的使用者。（图5-23）

（2）多点布局

村镇上分片区，每个片区均设置公园形成的多个公园布局，多点布局适用于：

①规模较大的团状村镇。集镇面积较大、密度较高时，多点布局的方式更为优化。

②组团状村镇。组团之间有山体、河流会影响相互之间的可达性，各组团有各自独立服务的公园，具有较高的空间可达性及服务作用。（图5-24）

（3）带状布局

村镇公园呈带状布局，包括滨水带状村镇、沿路带状村镇、山地带状村镇和山地团状村镇。（图5-25）

2.村落游园布局

村落游园具有休闲、文教、健身、娱乐、观赏和防灾的主要功能。

（1）单点布局：适用所有村庄类型。

（2）带状布局：适用带状平原村庄、带状山地聚落、团队山地聚落，服务整个村庄，可达性高。

3.邻里游园布局

邻里游园的规划应采用小片多点的形式。规划设计考虑了空间通达和人口密度的双重作用，并将其嵌入到居民聚集区。村镇社区的游园，应当在邻里游园的辐射范围内，确保居民居住地的活动范围；在村庄范围内，房屋密度不同，邻里游园应尽可能选择离住户多的地方，并考虑到其他选址因素。

四、村镇公园绿地规划

1.地形

地形是指村镇公园中地表面各种起伏形状的地貌。在规则式园林中，一般表现为不同标高的地坪、层次；在自然式园林中，地形的起伏可营造出山体、丘陵、盆地等不同形式的地貌。（图5-26）

团状集镇　　　　组团状集镇
图5-23 单点布局

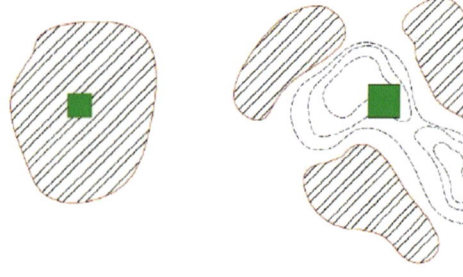

团状集镇　　　　组团状集镇
图5-24 多点布局

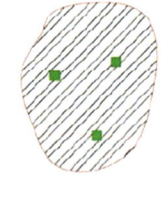

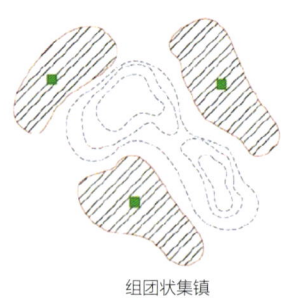

滨水带状集镇　沿路带状集镇　山地带状集镇　山地团状集镇
图5-25 带状布局

图5-26 临潼乡镇小公园地形

图 5-27 临潼乡镇小公园水景

图 5-28 昌平白各庄乡镇公园水景

地形的景观规划设计应在公园总体规划的基础上，根据四周乡镇道路规划标高和园内主要活动内容，综合考虑与造景有关的各种因素，充分利用原有地貌，统筹安排景物设施，对局部地形进行改进，使园内与园外在高程上有合理的关系。

地形在公园中起到了非常重要的作用：

（1）组织形成变化丰富的景观空间，增加公园层次，突出公园美感。

（2）为建筑、人们活动提供所需的不同场地。

（3）创造丰富的植物种植条件，提供干、湿，以至水中，阴、阳、缓、陡等多样性的环境。

（4）利用地下自然排水，降低工程成本。

2.水体

水体是村镇公园中重要的景观要素，其形式多种多样。以存在的形式分类，可将水体分为喷水（如喷泉、涌泉等）、跌水（如瀑布、水帘等）、流水（如溪流等）、池水（如池塘、湖泊等）。（图 5-27、图 5-28）

（1）水体在村镇公园中的作用。

①改善环境，调节气候，控制噪声。

②美化环境，营造优美的景观，可放松人的心情，陶冶情操。

③丰富公园中的娱乐项目，如划船、戏水、垂钓等，为其提供相应的场所。

④为水生动植物的生长提供必要的条件，丰富公园的观赏性与娱乐性，如各种水生植物荷、莲、芦苇等的种植和天鹅、鸳鸯、锦鲤等的饲养。

⑤汇集、排泄天然雨水，节省工程投资。

⑥为乡村防灾、救火等提供必要保障。

（2）水体在村镇公园规划设计中的要点

①在公园设计中，要尽可能保留自然水体，场地中的池塘、湿地、稻田、沟渠、溪泉及渗水性强的土地应当尽最大可能保留下来，公园中的建筑物和硬质地，则尽量安排在不渗水的土地上，实现对生态环境最大程度的保护。

②确保节约用水和安全使用。在《公园设计规范》中规定硬底人工水体近岸 2.0 m 范围的水深不得大于 0.7 m，达不到此要求的应设栏杆，无护栏的园桥、汀步附近 2.0 m 范围以内的水深不得大于 0.5 m。

③循环利用、充分利用雨水流动与自净，要引导雨水沿地形渗透，汇集存储，尽量利用场地中的自然溪流和沟渠进行排水。

④近水岸的敞开区域营造一系列的停留空间，提供必要的设施，如座椅、台阶等，水位落差的水域，在驳岸的设计上，考虑将设施及植被层层探入水体的做法，而不宜为高水位设计驳岸。

3.园路、广场

园路是村镇公园中不可缺少的构成要素，好比一个公园整体的骨骼网络。与普通道路不同的是，村镇公园路除了具有组织交通、运输的作用外，还承担了景观设计上的要求：引导游人，组织游览线路，路面铺装材质提供多样的观赏性。（图 5-29、图 5-30）

图 5-29 临潼乡镇小公园园路

图 5-30 公园园路铺装

村镇公园园路设计应遵循《公园设计规范》（GB51192—2016），村镇公园的其他铺装场地是人流活动、集散的重要空间，这些场地应根据集散、活动、演出、赏景、休憩等使用功能要求做出不同的设计。可充分运用植物、建筑、园林小品等。与铺装场地结合，注意遮阴、隔离等效果，营造出敞开、半封闭或封闭的等不同空间形式。

4.小品

小品是提升村镇公园观赏性与合理功能的重要手段。公园中的建筑小品应突出其特色，宜小巧、齐整，具有园趣，且小品之间应互相有机呼应，与建筑、绿地、地形、水体等园林要素相协调，使园中的所有景物具有整体感。（表5-4）（图5-31）

表5-4 村镇公园的小品设施类型

设施类型	举例
景观设施	花架、花坛、景墙、水景、雕塑、置石、水缸、瓦罐等
休息设施	座椅、亭、台、楼、廊、榭、舫等
游戏设施	健身器材、游乐器材等
服务设施	垃圾箱、指示牌、园灯、洗手台等

图 5-31 乡村景观小品

5. 建筑

建筑是村镇公园构成要素中的重要组成部分，是满足公园不同使用、观赏功能的必要内容。其主要内容包括商品百货或餐饮性建筑、带有展示等性质的文化性建筑、公园管理与服务性建筑、公共厕所、特色的景观建筑等。（图5-32、图5-33）

6. 植物

（1）乡镇公园植物配置原则

植物是村镇公园中所占比重最大的一个部分，植物配置是营造自然、优美的公园环境的重要手段。在设计时，应适地适树，合理配置园中各种植物（乔木、灌木、花卉和地被植物等），注重植物的构图、色彩、季相及园林意境，同时考虑植物与其他要素如地形、山石、水体、建筑、园路等相互之间的配置。对场地原有的古树必须保留。（图5-34）

①根据当地环境进行植物选择

由于乡镇公园所处环境条件各异，如南方沿海地区台风盛行、土壤盐碱度高，乡村公园绿化设计应选择抗风能力强，树干柔韧度大，且耐盐碱特性的树种，如柽柳；山地地区温度较低，易发生冻害，则应选择较耐寒的树种。

②结合当地特产进行树种选择

根据当地特色农产品的开花、采摘季节进行树种选择，既可以满足农产品观赏、采摘等乡村旅游，又能满足公园植物的季相变化等丰富的观赏效果，达到"一村一品"的乡村公园建设目的，如山东省肥城市作为中国佛桃之乡，每年春季开展桃花主题旅游，当地政府在刘台村桃花源景区除了种植约66.67 km²不同品种的桃林外，还种植垂丝海棠、西府海棠、日本晚樱等春季观花树种，在发展乡村特色旅游的同时，增加了游客观赏效果。（图5-35）

③结合当地民俗进行树种选择

各地民俗中有特定的喜爱树种及排斥树种，乡镇公园可以根据村民喜好等民俗特色进行植物配置，既能提升村民对乡村公园建设的接纳性和参与性，有利于公园建成后的管理维护，又可以充分体现地方文化特色。如榉树在江南地区乡镇公园中较为常见，江南

图5-32 乡村遗址公园建筑景观

图5-33 厚山公园建筑景观

图5-34 村镇公园植物景观

图5-35 山东肥城刘台桃花源景区桃林景观

地区自古以来重视文化教育，榉树有中举的美好寓意，与当地崇尚教育不谋而合（图5-36）。

④保留场地原有树木

乡镇公园场地内原有的树木，应尽量保留，避免移栽和砍伐。原有的树木可以作为场地标志，并寄托生活记忆，强化人们在乡镇公园中的归属感。如一些具有历史纪念意义的古树名木，在保留基础上，还可作为标志性景观，起到视觉导向的作用，同时加强场地的历史文化内涵，为古树修建独立的树池，借助古树、名木可为乡镇公园营造精致小景，兼具生态价值和文化内涵。（图5-37）

⑤植物配置尽量采用乡土树种

乡镇公园建设中，乡土树种具有极大优势，而不应照搬城市绿化的模式。乡土植物能很好地体现乡土文化，如"山丹丹花开红艳艳""桃花红杏花白"这类民歌，以及剪纸、雕塑等艺术作品中都能看见以乡土植物为设计题材。乡土植物是乡民生活的组成部分，也在乡民的情感中得到普遍认同。因此，在乡镇公园的设计中，应尽量多种植乡民喜闻乐见的植物种类，使其富有地域特色。例如浙江省安吉县的山川乡，通过挖掘"竹"文化基础上，整个乡村公园景观规划以竹子体现浓郁的乡土特色，设计时保留了场地原有的竹林，留下乡土文化与乡村记忆的同时，又展现了竹子的外在美与内在品质。

乡镇公园投入资金与城市公园相比较低，乡镇公园选用乡土树种能节约大量资金，乡土植物能适宜当地的环境条件，病虫害较少，水、肥、土等养护费用较低。因此，植物选择可以就地取材，如山苗移栽等营造节约型园林。

总之，在乡镇公园的植物设计中，可以选择观赏价值较高的乡土植物，体现乡土特色，减少资金投入，提升生态稳定性。如浙江省湖州市安吉县山川乡的乡镇公园中保留了绝大多数原有木本树种，如桃、李、猕猴桃、香椿等乡村常用的树种和香花树种，地被采用当地的野草、野花如雀稗、牛筋草、芦苇、毛茛、泽珍珠菜等，以此营造一个终年常绿、花香浓郁、自然野趣的乡村游园。（图5-38）

图5-36 苏州公园榉树景观

图5-37 乡镇公园原有古树

图5-38 浙江省湖州市安吉县山川乡公园竹林

⑥重视湿地植物设计

南方地区如长三角及珠三角等乡村水网密布、洼泽较多，湿地植物能增加乡村野趣，净化水体。如芦苇、荻花、香蒲、菱角、芦竹等能引起对乡野生活的联想，在乡镇公园的水域或者洼地不应盲目进行填土，模仿城市水景营造，而应当结合自然水景，注重湿生、水生植物应用。

湿地植物可以丰富水面的观赏效果，使水面变得生动活泼，增强水体层次美；可以为动物提供栖息地，提升生物的多样性；湿地植物最主要功能是净化水体，其植株体能减缓水的流速，农田中的农药、生活污水和当地工业排放物的流水流经湿地时，湿地植物有利于过滤杂质，吸附重金属，例如荷花、芦苇、水葫芦、泽泻、芡实、香蒲等，可改善乡村生态。（图5-39）

（2）乡镇公园设计节点植物配置

①道路周边绿化

道路连接着乡村公园内部各个分区，道路绿化对公园整体风格起到决定性作用。由于乡村资金有限，无法负担过多资金投入及后期养护管理成本，植物种类应以乡土树种为主，以便于养护，还能将各个区域自然过渡。（图5-40）

②水系驳岸及延伸带绿化

乡村公园水系驳岸应以自然式为主，植物配置应尽量模仿自然生长的植物群落结构，形成自然野趣的乡村滨水景观特色，驳岸延伸处配置低矮灌木、地被，构成开敞式空间，方便村民洗菜、洗衣、农事灌溉等日常活动，而且还能借景周边水系。（图5-41）

③活动场所空间绿化

综合性活动区使用率较高，可为游客提供体育活动、娱乐休闲等活动，游览密度较大。该场地植物配置应以满足游憩功能为主，可设置疏林广场为游客提供遮阴、避雨的活动空间。

④产业景观绿化

产业景观主要包括果园景观、农田。果园则种植当地特色的经济树种，如桃树、橙子、李子（图5-42），由于内部植物株距较近，无须再进行绿化，果园应结合乡村旅游做好合理规划。农田部分多以当地主要农作物为主，如南方地区的水稻、北方的小麦，体现了乡村农业景观特点，且保障了经济收入。

（3）乡镇公园植物配置案例分析

无锡阳山镇田园东方乡村公园位于"中国水蜜桃之乡"的无锡市惠山区阳山镇拾房村，项目占地总面积约4 km²，借助拾房老村旧址，遵循修旧如旧原则，保持了古井、老树、古宅、池塘等乡村自然形态。是

图5-39 乡镇公园荷花塘

图5-40 乡镇公园道路绿化

图5-41 乡镇公园河流驳岸植物配置

图5-42 山东肥城桃产业园

集现代农业、田园社区、休闲旅游于一体的国内首个"田园综合体"项目，作为"美丽乡村"田园综合体的一个典型范例。（图5-43）

无锡阳山镇田园东方公园植物配置以自然式为主，公园中选用了农业生产植物进行绿化，如向日葵、桃树、枇杷，公园中不同功能区域，种植设计也各具特色。

①休息区域

公园休息区域通过植物种植营造了私密、半私密的空间，在此公园中密集种植了湿生、水生草本植物对休憩区进行围合，阻隔外界的干扰，本公园主要种植了再力花、梭鱼草及水生农作物，满足造景的同时也兼具生产作用。

②社交区域

社交区域在植物配置上营造了开敞空间，用来交流、学习，种植园林花卉结合野生花卉、经济作物混合种植如万寿菊、蛇莓、油菜、茄子等进行绿化造景。（图5-44）

③农业种植区域

公园中设有"业主菜地""中央菜地"等供游客栽植果蔬的区域，以满足游客的农耕体验，如阳山水蜜桃采摘园，既可以春季观花，举办华德福桃花节，又可以在体现乡村特色的基础上，丰富公园的四季景观。（图5-45、图5-46）

【项目思政】

鲁朗国际旅游小镇位于林芝市巴宜区鲁朗镇，西藏是国家重要的生态安全屏障，开发建设鲁朗，环境保护是第一考虑要素，鲁朗国际旅游小镇建设坚守生态安全这条红线底线。按照"藏族文化、自然生态、圣洁宁静、现代时尚"的理念，对小镇进行了总体设计与概念性建筑设计，实现了"看得见山，望得见水，记得住乡愁。"在小镇建设中，坚持把对当地民族文化的保护、传承、展示、发展贯穿始终，当地的、民族的，才是鲁朗要展示给全世界游客的。

图5-43 无锡阳山镇田园东方公园

图5-44 田园东方公园社交区油菜花景观

图5-45 田园东方公园业主菜地

图5-46 田园东方公园中央菜地

【理论研究】

项目三　新农村社区绿地规划

中国新农村就是建设改善农民衣食住行，主要包括基础设施建设，如通电、自来水、通车的宽敞马路、大又舒适的住宅楼等，农民的生活保障机制，全民纳入社保实现城乡一体化等。新农村包括新房舍、新设施、新环境、新农民、新风尚五项。五者缺一不可，共同构成小康社会"新农村"的范畴。社会主义"新农村"与建设和谐社会、小康社会息息相关。

一、新农村社区特点

1.规模不等

人数多少不一，完全由当地经济社会发展条件、资源禀赋和环境基础而定。

2.基础设施完善

新型农村社区的道路、供电、供水、通信、购物、电脑网络、有线电视、垃圾污水处理等各项设施基本齐全，可以保证农民生产和生活的需要。

3.公共服务全面覆盖

教育、卫生、文化、体育、科技、法律、就业、社保、社会治安、社会福利等各项政府服务全面覆盖，群众能够在当地办理事务。

4.村容整洁

新农村社区注重环境的美化、绿化与亮化，娱乐休闲设施齐全，道路和街道统一规划，整洁、宽敞，路面硬化。垃圾统一堆放并科学处理。生活垃圾区、污水沟、厕所和畜禽住所均按卫生标准规划建设。住房设计科学合理，有独门独院的别墅，也有多层、高层、廉租房等不同样式、不同面积的套房，群众可以根据自己的需求和财力状况选择不同的住房标准。（图5-47）

5.乡风文明

邻里和谐相处，有良好的社会风气，村民具备一定的法律知识，提升村民素质。村民的文化生活需求得到满足，村内建设公共娱乐和健身场所、图书室供村民娱乐学习，还有可供聊天、交流的公共空间，文体生活丰富。

6.社会管理得到加强

建立党总支、居委会、经济协会、文化协会、老年协会、村民理事会等组织，社会管理得到完善和加强。

二、新农村社区绿地规划基本原则

1.城乡统筹的原则

合理促进城市文明向农村延伸，形成特色分明的城乡空间格局，促进城乡和谐发展。

图5-47 整洁的社区环境

2. 因地制宜的原则

结合当地自然条件、经济社会发展水平、生产方式等，切合实际地部署各项建设。（图5-48、图5-49）。

3. 保护耕地、节约用地的原则

充分利用丘陵、缓坡和其他非耕地进行建设；紧凑布局各项建设用地，集约建设。

4. 保护文化、注重特色的原则

有效保护和合理利用历史文化，尊重健康的民俗风情和生活习惯，突出地方特色。（图5-50）

5. 村庄田园化的原则

保护村庄自然肌理，突出乡村风情，保护和改善农村生态环境，美化村貌，提高村民的生活质量。（图5-51、图5-52）

6. 尊重民意的原则

充分听取村民意见，尊重村民意愿，积极引导村民健康生活。

7. 循序渐进的原则

正确处理近期建设和长远发展，推进新农村建设。

三、新农村社区分类

1. 按区域位置划分

（1）新型农村社区：位于城镇规划范围以外。

图5-48 依山而建的新农村社区环境

图5-49 临水而建的新农村社区环境

图5-50 浙江民居风格建筑

图5-51 突出乡土风情的社区环境

图5-52 美化村貌环境

（2）城郊新型农村社区：位于城镇规划区范围以内，其布局规划应充分考虑与城镇发展的关系。

2. 按村庄整合划分

（1）单村独建型新型农村社区：指一个行政村或一个行政村内部几个自然村庄单独建设新型农村社区的建设方式，应根据实际情况在编制新型农村社区空间发展规划时编制村庄迁并整合规划，主要是集体建设用地和人口的整合。

（2）多村合建型新型农村社区：指两个以上行政村或多个自然村共同建设一个新型农村社区的规划建设方式。因此，在编制新型农村社区空间发展规划时，应进一步编制以人口、土地、边界调整为主要内容的村庄迁并整合规划。

3. 按人口规模划分

包括特大型、大型、中型和小型新型农村社区。（表5-5）

表5-5 新农村社区规模划分

人口规模（人）	社区类型
6001—10000	特大型社区
4001—6000	大型社区
2001—4000	中型社区
≤2000	小型社区

4. 按地域类型划分

（1）平原农区新型农村社区：采取集聚整合、规模发展的模式进行建设，重点推广特大、大型新型农村社区。

（2）山区、丘陵区新型农村社区：采取适度集聚、完善功能、突出特色的模式进行建设，重点推广中小型新型农村社区。

四、新农村社区绿地规划布局

社区绿地规划布局要遵循绿地规划原则，以人为本，从使用功能出发，在空间层次划分、住宅组团结合、景观序列布置、小区识别性各方面体现地方特色，创造良好的功能环境和景观环境，做到科学性和艺术性的有机结合。（图5-53）

1. 新农村社区绿地规划基础工作

社区绿地规划设计必须全面把握社区布局形式和开放空间系统的格局，了解社区要求的景观风貌特色。具体如住宅建筑的类型、组成及其布局，社区公共建筑的布局，社区所有建筑的造型、色彩和风格，社区道路系统布局等。

收集社区总体规划的文本、图纸和部分有关的土建和现状情况的图文资料。做好社会环境和自然环境的调查，特别是和绿化有密切关系的植被调查、土壤调查、水系调查等。调查主要包括以下几个方面：

（1）社区总体规划。

（2）具体规划过程。

（3）社区设计过程。

（4）绿化地段现状情况。

（5）社区内居民情况，包括居民人数、年龄结构、文化素质、共同习惯等。

（6）社区周边绿地条件。

图5-53 新农村社区景观

2. 新农村社区绿地规划布局要点

（1）社区绿地规划应在社区总体规划阶段同时进行，统一规划，绿地均匀分布在社区内使绿地指标、功能得到平衡，方便居民使用。

（2）要充分反映出地方乡村的地域性特征，营造良好的生态环境。充分利用现有的自然条件，因地制宜，利用地形、果园、林地，达到节省土地、减少投资的目的。尽可能利用劣地、坡地、洼地、水面等地，尤其要保护和利用古树名木。（图5-54、图5-55）

（3）要充分考虑不同类型住户的使用需求，采取多种不同的设施。对住户户外环境进行问卷调查，考虑村民对社区里有各种花卉、植物的需求，此外，还应针对各年龄段人群的使用特征及使用情况进行适当的规划。

（4）社区绿地建设应将新农村绿化与周边自然环境绿化相结合，将公共绿地与道路绿地、宅间绿化和庭院绿化相结合，构成点、线、面相结合的绿化体系。

（5）社区绿地的布置应以植物景观为主，通过植物的组织和分割来提高小区的环境卫生及小气候；运用绿色植物营造出一种内蕴的绿色空间，风格宜亲切、平和、开朗，各社区的绿化发挥自身特色。（图5-56）

（6）社区具有多种功能，包括步行道、健身、游戏、文化、艺术景观、消防、停车等功能性空间。（图5-57）

（7）社区内各组团绿地既要保持格调的统一，又要在立意构思、布局方式、植物选择等方面做到多样化，在统一中追求变化。

（8）利用屋顶绿化、天台、阳台、墙面等绿化方法，提高绿化效果，美化村民的生活环境。（图5-58）

五、新农村社区绿地规划设计

新农村社区绿地主要包括公共绿地、宅旁绿地、配套公建所属绿地、道路绿地和停车场绿地。

1. 公共绿地

新型农村社区公共绿地是居民日常休息、观赏、

图5-54 社区营造良好的生态环境

图5-55 石塘人家

图5-56 四川西充县新农村社区绿地

图5-57 九江市金兰村童家新农村

锻炼和社交的就近便捷的户外活动场所，也是社区景观的主要展示区域，规划布局必须以乡村园林中的田园野趣元素与传统园林手法相融合，体现出农民淳朴的性格和对都市生活的欣喜心态。（图5-59）

社区公共绿地主要有社区游园和组团绿地两类中心公共绿地。其他块状、带状公共绿地应同时满足宽度不小于4m，面积不小于200 m²。（表5-6）

（1）社区游园

①社区游园的内部布置形式灵活，但是要做到公园与周边居民小区的相互关系，如公园、社区活动中心、商业中心、文化活动中心、社区活动中心、社区活动中心、商业中心、文化活动中心、绿地与小区其他开放空间绿化景观的联系协调等。

②社区游园面积虽小，但能为社区居民提供较好的服务。在规划布局上，应注重绿化，以营造社区园林的优美园林和良好的生态环境；同时，应尽可能满足村民的生活需要，在规划中可适当增设树荫式活动广场，设置儿童游戏设施和供不同年龄段居民健身锻炼、休憩散步、社交娱乐的铺装场地，以及园亭、花架、座椅等公共服务设施。

③合理设置社区小品，使新农村社区绿化美化，增添休闲情趣，既能作为点景，也能给村民提供一个休憩和欣赏的场所。在规划和造型上要特别注重住宅小区的规模和住宅小区的建设。（图5-60）

图6-58 新农村生态社区

图5-59 美丽宜居新农村

表5-6 社区公共绿地设置规定

公共绿地类型	场地模式	绿化面积	设置内容	布局	规模	备注
社区游园	开敞式，绿篱或通透式院墙栏杆分隔	≥70%	花木、草坪、花坛、水面、雕塑、儿童设施和铺装地面等	布置在小区中心，园内布局有功能划分	服务半径≤500 m	至少一边与相应级别的道路相邻
组团绿地			花木、草坪、桌椅、儿童设施等	灵活布局，靠近住宅	服务半径≤100 m	

图5-60 新农村社区游园

（2）组团绿地

组团绿地是结合住宅组团不同形式的公共绿地，服务对象是组团内居民，主要为老人和儿童提供就近活动、休闲场所。组团绿地的布置方式和布局手法多样化。

①利用山墙开辟成绿地：这样的设计不但给居住者提供了一个充满了阴暗的活动空间，同时也在构图上突破了由山墙构成的狭窄巷道的错位感，使其在空间上呈现出更为丰富的多样性。

②扩大住宅间距：在行列排列中，若将房屋的间距扩展到原有间距的1.5—2倍，则可在扩展的住宅间距中设置组团绿地，同时也能改变连续单调的行列式狭长空间。

③自由式布置住宅：组团绿地交错，组团绿化与院落绿化相融合，拓展了绿化空间，形成了一幅自由、生动的画面。组团绿化是当地居民的半公共空间，要按照组团规模、规模形式、特征布置绿化空间。采用不同的植物和植物，突出组群的特点，铺上硬地，布置有特色的儿童游乐设施，在条件允许的情况下，还可以布置一些小的水景，让各个组群都有自己的特点。

④充分利用土地：在地形不规则的地段，利用不便于布置住宅的角隅空地，安排绿地，能起到充分利用土地的作用。

⑤临街布置绿地：绿化空间与建筑产生虚实、高低的对比，可以打破建筑连线过长的感觉，还可以使过往群众有歇脚之地。

⑥结合公共建筑：使组团绿地同附属绿地连成一片，相互渗透，可扩大绿化空间感。

⑦利用建筑形成的院子：不受道路行人车辆的影响，环境安静，比较封闭，有较强的庭院感。

2.宅旁绿地

在小区总用地中，宅旁绿地占35%左右。住宅四周及庭院内的绿化是送到家门口的花园绿地，是住宅区绿化的最基本单元，最接近居民。宅间宅旁绿地一般不作为居民的游憩绿地，在绿地中不布置硬质园林景观，而完全以园林植物进行布置，当宅旁绿地较宽时（20 m以上），可布置一些简单的园林设施，如园路、坐凳、小铺地等，作为居民十分方便的安静

图5-61 丰都新农村社区宅旁绿地

休息用地。别墅庭院绿地及多层、低层住宅的底层单元小庭院，是仅供居住家庭使用的私人室外空间。（图5-61）

（1）宅旁绿地设计应注意事项

①延续传统方式：考虑到农民生产生活的特点，即"出门有菜园"的便捷生活方式，在各户楼门两旁和社区外围绿化带留有村民自主种植的区域，使村民在新居也可延续乡村传统的生活生产方式。

②形成绿化特色：宅旁绿化树种的选择要体现多样化，以丰富绿化面貌。宅旁绿化是区别不同行列、不同住宅单元的识别标志，因此既要注意配置艺术的统一，又要保持各幢之间绿化的特色。

③植物和建筑的关系：乔木和大灌木的栽植不能影响住宅建筑的日照、通风、采光，特别是在南向阳台、窗前不要栽植乔木，尤其是常绿乔木。绿化植物与建筑物、构筑物的最小间距要合理把握设计尺度。（表5-7）

④庇荫区绿化：住宅周围常因建筑物的遮挡形成面积不一的庇荫区，在树种选择上受到一定的限制，因此要注意耐阴树种、地被的选择和配置，确保阴影部位良好的绿化效果。

⑤植物与管线的关系：住宅周围地下管线和构筑物较多，地下管线一般包括电信、电缆、热力管、煤气管、给水管、雨水管、地下地上构筑物、化粪池、雨水井、污水井、各种管线检查井、室外配电箱、冷却塔和垃圾站等，在绿地中这些管线和构筑物都直接对绿化布置起限制作用。因此，设计时应根据管线和

表5-7 绿化植物与建筑物、构筑物的最小间距

建筑物、构筑物名称	最小间距（m）	
	至乔木中心	至灌木中心
建筑物外墙（有窗）	3.0—5.0	1.5
建筑物外墙（无窗）	2.0	1.5
挡土墙顶内和墙脚外	2.0	0.5
围墙	2.0	1.0
铁路中心线	5.0	3.5
道路路面边缘	0.75	0.5
人行道路面边缘	0.75	0.5
排水沟边缘	1.0	0.5
体育用场地	3.0	3.0
喷水冷却池外缘	40.0	—
塔式冷却塔外缘	1.5倍塔高	—

表5-8 绿化植物与管线的最小间距

管线名称	最小间距（m）	
	至乔木中心	至灌木中心
给水管道	1.5	不限
污水管道	1.5	不限
雨水管道	1.5	不限
燃气管道	1.2	1.2
电力电缆、电信电缆	1.0	1.0
电信管道	1.5	1.0
热力管道	1.5	1.5

构筑物分布情况，选择合适的植物，并在树木栽植时留够距离。（表5-8）

⑥室内外联系：要把庭院、基础、天井、阳台、室内绿化有机地融合在一起，把户外的自然环境与室内的布置有机地联系在一起，让居住在室内的人们有一个很好的绿色环境，让人心情愉悦。

⑦绿地空间尺度：绿化布置要注意绿地的空间尺度，乔木的体量、数量、布局要与绿地的尺度、建筑间距和层数相适应。避免由于乔木种植过多或选择树种的树形过于高大，而使绿地空间显得拥挤、狭窄及过于荫蔽。

（2）宅间绿化布置的形式

①行列式住宅群宅间宅旁绿地

房屋总体上以东西方向排列，房屋道路位于房屋北侧，与居住建筑相邻，形成了宅间与宅旁两种立地环境差别较大的绿地。房屋北边和房屋之间的房屋周边绿地通常比较狭窄，房屋北边的住户为单位，采光条件不佳；绿地中存在大量的管道和构筑物，如雨水井、检查井等；建筑北窗、门的通风和通风不应受到绿化的影响。在绿化中，常用的是浅根性、耐阴的常

青树和地被植物，以较规整的方式排列。

宅间绿地具体布置方式可以灵活多变，形成每个住宅之间的绿地风格基本一致，并具有各自的独特景观效果。住宅小区内的绿地通常不设置居住区，以覆盖常绿地被为主要内容，可以减少日常维护和管理，更能满足绿化配置中的生态需求。宅间绿地中北面接近住宅南窗、阳台前的部位，不应布置常绿乔木。自然式布置常绿大灌木，既不影响住宅通风采光，又可保持住宅内及庭院空间的私密性。

②周边式住宅群宅间宅旁绿地

周边式住宅群，通常分为两种类型：多层周边式住宅群和低层周边式住宅群。多层周边式住宅小区以中心的公共绿地为主，通常是组团公共绿地；低层周边式住宅多数是将小区内的小型游园或小区公共空间包围起来。建筑周边的绿化布局应依据其面积、宽度而定，并以中央绿地或小型公园为主要模式。在绿地面积大的情况下，可以在公路边设置行道树或庭院树木，在狭窄的地方设置常绿绿篱、树球和地被。

③高层塔式住宅群宅间宅旁绿地

高层塔式住宅"四旁"绿地面积较大，适宜成片种植地被、草坪、乔灌林，形成规模大、密度大、开放明朗的园林景观，并可在高层露台上俯瞰景观效果。在每栋高楼旁绿地内，可以设置少量的户外停留空间。"四旁"多层小区绿地的平面形态与高层塔型基本类似，但规模不大，在绿化布局上，通常将树木与居住道路的树木相结合，在建筑物的拐角和十字路口处设置灌木或树球，其他地方则用草坪或地被覆盖。

3.配套公建所属绿地

社区内的公共建筑、服务设施的庭院和场所，如学校、幼儿园、托儿所、社区中心、商场、社区、小区出入口周围的绿地，除按其所属建筑、设施的功能和环境特征而作的绿化布置外，还要结合社区的整体绿化，以绿化的形式，协调社区内各种功能建筑、区域之间的景观与空间关系。在主要的入口处、中央区域等开放空间的关键位置，通常会设置具有代表性的喷泉或环境艺术的景观广场。公园广场、商场周边、小区中心区等区域，要充分利用绿化来组织城市公共空间的环境，并使其具有更好的装饰性、美化效果，

以反映小区的整体环境。近几年，常用缀花草坪、铺地广场旁的花盆等形式，花木的布置应以简洁、明快、规整的形式为主，以草坪、常绿灌木、树木等为主要材料。

4.道路绿地

（1）社区级道路绿化

社区级道路是联系各住宅组团之间的道路，是组织和联系小区各项绿地的纽带，对居住小区的绿化面貌有很大作用。以人行为主，满足居民散步。根据居住建筑的布置，树木配置要活泼多样，道路走向以及所处位置，周围环境等加以考虑。在靠近建筑一侧的绿地中进行绿化布置时，常采用绿篱、花灌木来强调道路空间，减少交通对多层低层住宅的底层单元的影响。

树种选择上可以多选小乔木及开花灌木，特别是一些开花繁密的树种，叶色变化的树种，如合欢、樱花、五角枫、紫叶李、乌桕、来树等。每条道路又选择不同树种，不同断面种植形式，使每条路各有个性，在一条路上以一两种花木为主体，形成合欢路、樱花路，紫薇路、丁香路等。

（2）组团级道路绿化

一般以通行自行车和人行为主，绿化与建筑的关系较密切，还需满足救护、消防、清运垃圾、搬运等要求。

（3）宅间道路绿化

宅间道路是连接住户的主要通道，可供行人步行，在绿化上应适当地向后移动0.5 m—1 m，以备紧急情况下救护车或搬运车辆驶入房屋。路口的小径配合休闲场所的布局，形式灵活多变，丰富道路景观。行列式房屋的各个道路，从树种的选取到布局的多样性，构成不同的景观，同时也方便了住户的辨认。（图5-62）

5.停车场绿地

社区停车场绿化是指居住用地中配套建设的停车场用地内的绿化。停车场的绿化景观可分为：周界绿化、车位间绿化和地面绿化及铺装。除用于计算社区绿地率指标的停车场按相关规定执行外，停车场在主要满足停车使用功能的前提下，应进行充分绿化，符合绿化设计要求（图5-63）。（表5-9）

图 5-62 江苏盐城新农村宅间道路

图 5-63 新农村停车场绿地

表5-9 停车场绿化部位

绿化部位	景观及功能效果	设计要点
周界绿化	形成分隔带，减少视线干扰，遮挡车辆反光对居室的影响，增加停车场的领域感，美化周边环境	密集排列灌木、乔木，树干挺直，停车场周边围合装饰景墙，种植攀缘植物进行垂直绿化
车位间绿化	带状绿化种植，改变车内环境，避免阳光直射车辆	由于车辆尾气排放，车位间不宜种植花卉，满足车辆垂直停放和植物保水要求，绿化带一般宽为1.5 m—2 m，乔木沿绿带排列，间距应≥2.5 m，以保证车辆在其间停放
地面绿化及铺装	地面铺装和植草砖使场地色彩产生变化，减弱大面积硬质地面的生硬感	采用混凝土或塑料植草砖铺地，种植耐碾压草种，选择满足碾压要求具有透水功能的实心砌块铺装材料

停车场的种植设计应符合下列规定：

（1）树木间距应满足车位、通道、转弯、回车半径的要求。

（2）应选择高大庇荫落叶乔木形成林荫停车场。庇荫乔木分枝点高度的标准是：大、中型汽车停车场应大于 4.0 m，小型汽车停车场应大于 2.5 m，自行车停车场应大于 2.2 m。

（3）停车场内其他种植池宽度应大于 1.2 m，池壁高度应大于 20 m，并应设置保护设施。

图 5-64 新农村社区绿化景观

六、新农村社区绿地植物配置

1.新型农村社区绿化问题

植物景观是新农村社区重要组成部分，但绿化设计存在较多的问题，如刻意模仿城市绿化风格，没能充分考虑乡村文化、乡村自然资源、经济条件等因素，导致乡村风格不复存在，没有充分考虑居民的生活习惯及当地习俗。新农村社区绿化设计应有明确的方向与基调，充分体现地域特色，因地制宜进行设计，注重实用性、经济性，兼顾观赏性，突出时代特点。（图5-64）

2.新农村社区植物功能

新农村社区植物景观功能与城市有较大区别，除具有美化、防护功能外，还应具有生产功能。

（1）美化功能

植物景观有色彩、形状、质感的美，而且具有独特的季相变化，新农村社区可借助植物景观来美化社区环境，遮蔽农村不佳景观，划分、组织空间，使得新农村展现新面貌，成为名副其实、生态宜居的美丽乡村。

（2）防护功能

植物的生态防护功能主要体现在对新农村环境的改善，如改善小气候、防噪声、抗污染等，植物对社区附近工厂污染气体净化及污水治理有不可替代的效果，如横州市那阳镇上茶村种植大片荷塘，既可观荷花又能净化水体，浙江海宁斜桥镇华丰社区则对河流两侧进行植物种植净化美化水体。（图5-65、图5-66）

（3）生产功能

新农村社区有别于城市社区的显著特点即生产功能，农村居民一直有种植瓜果蔬菜的习惯，种植枇杷、柚子、柑橘、豌豆等植物既可以产生一定的经济效益，也兼具观赏，还可带动当地的农产品加工等产业。（图5-67）

3. 新农村社区植物设计要点

（1）营造自然、乡土的设计风格

新农村社区的植物设计应突出自然朴实的乡村特色，结合生产功能、观赏功能，乔木树种可选择桃、杨梅、枇杷等果木树种，藤本如鸡血藤、丝瓜、南瓜、葡萄、金银花等攀缘类，草本如芦笋、白菜、油菜等经济作物。

植物配置尽可能自然式配置，乔木可孤植、丛植、群植，花卉、草本布置可以丛植、片植；植物形态应以自然，不刻意修剪，而且与新农村社区的建筑、小品风格相协调，如上海奉贤区吴房村种植了大面积桃树及油菜。（图5-68）

（2）依托当地资源，发展地方特色

新乡村社区植物选择应充分利用当时自然资源及人文历史文化资源。充分利用乡村乡土植物资源，挖掘民俗特色，结合当地产业形成多产业联合发展。例如重庆市北碚区静观镇是著名蜡梅产地，当地发展蜡梅种植产业同时发展了乡村旅游，也带动了农副产品、文创产品等产业的发展。山东省肥城市盛产肥城桃，有天上蟠桃，地下肥桃之美誉，肥城市也因此被称为中国佛桃之乡。当地大规模种植桃树，肥城桃、桃花旅游、桃木工艺品等一系列的产业链带动了当地经济发展。（图5-69、图5-70）

图5-65 浙江海宁斜桥镇华丰社区荷花池

图5-66 浙江海宁斜桥镇华丰社区河道绿化

图5-67 新农村社区居民菜地

图5-68 海奉贤区吴房村桃林

图5-69 重庆北碚区静观镇腊梅

4.植物景观配置

新农村社区的公共绿地宜自然式种植遮阴效果好且观赏价值较高、富有季相变化的乔木树种，营造出自然、愉快的氛围。

宅旁绿地的植物种植应满足一定规范要求，如与窗户相隔 5 m 以上，5 m 内应尽量栽植灌木、草本等低矮植物，如细叶萼距花、肾蕨、葱莲、韭莲，总之植物不得影响低层住户的采光、通风。

新农村社区道路植物配置应根据乡村特点将乔、灌、藤、草组团式配置，应有别于城市道路绿化，新农村社区应能满足遮阴效果又能体现自然特色，并兼具一定的防尘、隔音功能，如松江区泖港镇黄桥村、上海嘉定区联一村，通过植物配置提升了居民生活舒适性，形成了新农村社区独特的风格。（图 5-71、图 5-72）

5.充分利用原有植物资源

新农村社区植物景观设计前，应进行实地勘察场地，保留场地内原有的大树，尤其是古树名木，原有树种可以体现乡土特色，又节约建设成本，形成稳定的植物群落。（图 5-73）

6.多选用易养护型植物种类

新农村社区植物尽量选择易养护型植物，可以节约养护管理成本，又可以营造出自然淳朴的乡村特色。避免为追求新颖、高端，而引进名贵树种，因养护管理不到位造成经济损失和景观、生态功能缺失。（图 5-74）

图 5-70 山东省肥城市肥城桃

图 5-71 松江区泖港镇黄桥村社区绿地

图 5-72 上海嘉定区联一村宅前绿化

图 5-73 新农村社区原有古树

图 5-74 新农村社区易养护型植物景观

7.适当设置"公共菜园"

公共菜园是新农村社区一大特色,如浙江海宁斜桥镇华丰社区的"蔬香园"。社区为当地居民每人分配四平方米土地用于种植农作物。一方面,新农村社区主要由农村人口构成,既可满足居民种植花果蔬菜的生活习惯,又能使绿化免遭居民破坏。(图5-75)

【项目思政】

吴良镛,城市规划及建筑学家,教育家。中国民主同盟盟员。中国科学院院士、中国工程院院士、著名建筑学与城市规划专家,人居环境科学的创建者。99岁高龄的吴良镛获得全国优秀共产党员荣誉,他愿和广大学人一道,为满足人民对美好生活的需求,建设美好人居环境,共同奋斗。他曾以石头寨为试点,进行美丽乡村人居环境建设的示范工作,规划设计的根本出发点在于从生活出发,让村民"诗意地栖居"于这片山水田园之间,让农村成为农民幸福生活的美好家园,体现朴素生态文明智慧和民族地域特色,筑就了美丽乡村的人居画卷。

【实践探索】

乡村风景园林绿地规划设计

一、任务提出

围绕美丽乡村建设,选择一处乡村风景园林绿地完成规划设计。

二、任务分析

从实际项目出发,把握乡土社会发展规律,体现新时代乡村绿地风貌,选题不限于乡村旅游、乡村风貌提升、乡村人居环境改造、古村落保护等方面。

三、任务实践

乡村风景园林绿地规划设计,完成规划设计图纸,具体要求如下:

1.完成前期资源分析,包括区位分析、环境因子分析、人流分析、人文分析等。

2.草图构思,包括构思过程、意象表达、预期效果等。

图 5-75 浙江海宁斜桥镇华丰社区"蔬香园"

3.总平面图,包括总平面方案、景观节点命名、指北针等。

4.专项分析图,包括功能分析图、交通分析图、节点分析图、视线分析图、竖向分析图等。

5.植物配置图,包括植物季相说明、植物名录表等。

6.完成专项施工图设计,包括景观轴横、纵剖面图、景观节点平面图、立面图、剖面图、大样图等。

7.完成效果图、动画展示、模型展示等。

8.完成设计说明,包括场地概况、设计依据、设计思想、设计原则、设计内容、技术经济指标等。

四、任务评价

1.乡村风景园林绿地规划设计符合时代发展,具有应用价值。

2.图纸内容完整,制图规范,有良好专业的表现力。

3.设计方案体现大国"三农"情怀。

4.设计说明内容完整,尊重科学规律,有正确的价值观。

【知识拓展】

遗产保护

遗产保护分为物质文化遗产和非物质文化遗产。物质文化遗产是具有历史、艺术和科学价值的文物,包括古遗址、古建筑、石刻、壁画,重要的历史遗迹、历史文化名城、街区、村镇等。非物质文化遗产指各种以非物质形态存在的与人的生活密切相关、世代传承的传统文化表现形式,包括民俗活动、表演艺术、礼仪和节庆、传统手工艺等。

模块六

风景园林绿地规划重绘

项目一　城市风景园林绿地规划设计
项目二　乡村风景园林绿地规划设计

模块六　风景园林绿地规划重绘

【模块简介】

风景园林绿地规划重绘对擘画国土空间新的蓝图，构建人与自然和谐共生的中国式现代化具有重要意义。本模块内容重点讲解城市风景园林绿地规划设计和乡村风景园林绿地规划设计的具体流程及内容。围绕以"人民为中心"等挖掘项目思政元素，提炼风景园林绿地系统中的以人为本的科学思想和底线思维。在实践探索环节中，通过对指定城市和乡村风景园林绿地规划设计项目的实训，培养风景园林绿地规划设计的综合能力和创新思维。

【知识目标】

了解城市风景园林绿地规划总体思路，掌握城市风景园林绿地设计各阶段设计要点；理解乡村绿地规划设计原则，理解乡村景观绿地规划要素、乡村景观绿地生态系统分析、乡村景观绿地评价，掌握乡村绿地规划总体布局以及空间营造。

【能力目标】

完成指定项目的风景园林绿地规划设计，掌握风景园林绿地规划设计的基本内容和表现手法。

【思政目标】

在风景园林绿地规划中，尊重民意，传承地域文化，培养团队合作精神和创新精神，树立爱国主义思想和社会责任感。

【理论研究】

项目一　城市风景园林绿地规划设计

一、城市风景园林绿地规划

1. 现场调查：主要包括现场踏勘，文字、图纸、电子文件、音像等资料收集，座谈访问，现状问题分析研究，绘制现状图等内容。

2. 规划纲要：对规划建设现状评价分析、确定规划基本原则、目标、绿地类型、规划控制指标、基本布局结构、公共绿地与其他绿地规划要点、投资匡算等。

3. 规划方案及中期汇报、交流：在规划方案或规划纲要确定之后，对规划内容进行调整修改、深化完善，形成规划草案并经过必要的交流和汇报，形成可供评审之规划方案。

4. 规划评审：按照有关技术规定，进行方案评审，并形成最终成果。

5. 规划成果：规划文本、规划说明书、规划图纸和规划附件四部分组成。

二、城市风景园林绿地设计

1. 场地前期分析阶段

（1）区位分析

要调研城市区位、场地的位置、规划设计场地范围和面积，红线等。（图6-1）

（2）上位分析

上位规划作为上一层级对本层级具有指导作用的规划，在进行设计时一定要先进行国家政策的提取，并且注意行业相关政策，运用专业相关经验。

（3）人文分析

不同城市有着不同的历史文化、风土人情，这些差异造就了城市的地域性特征。前期调研也包括了对于人文因素的探讨，关于设计也要尊重历史，重视文

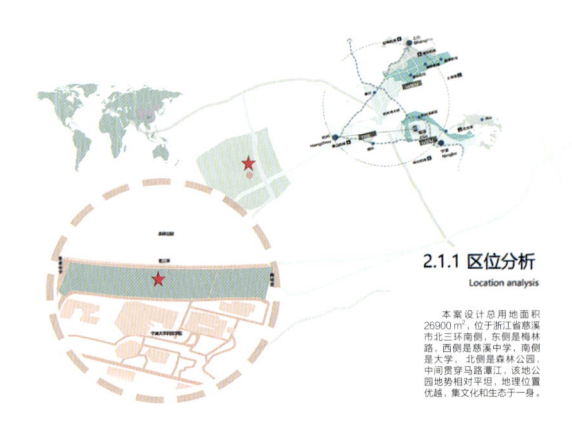

图6-1 城市湿地公园景观规划设计场地区位分析

化艺术，发展民俗风情，体现中国传统义化，但其实文化特色并非要刻意去体现，它是作者深厚文化底蕴的自然流露，文化也是不可能通过表面的模仿和借鉴就能表现出来的。在城市风景园林规划设计中，需要了解城市的地域人文，制订出既能突出特定文化又能契合城市发展需求的设计策略。

（4）自然风貌分析

城市风景园林的设计规划包含植物设计、风景设计、环境艺术设计、城市设计等。根据实际情况选择性地去分析自然风貌，如设计要求的绿地率，植被的丰富度和密度，大环境、小气候、气温、光照、季风风向、水文、地质土壤和基地地形现状等。（图6-2至图6-4）

（5）周边分析

包括用地性质分析，周边环境情况、周边业态的分析，对交通、车流人流、道路和建筑的分析，要精益求精，用认真严谨的态度去分析。表达方式可采用柱状图、线状图等方式表达，直接明了地展示数据。（图6-5至图6-7）

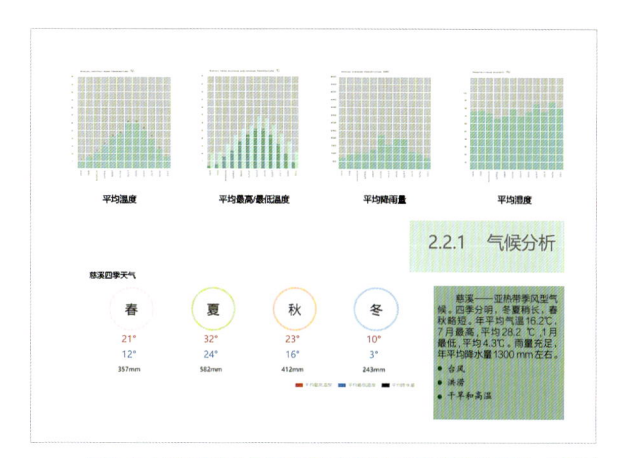

图6-2 城市湿地公园景观规划设计气候分析图（设计：杨璐）

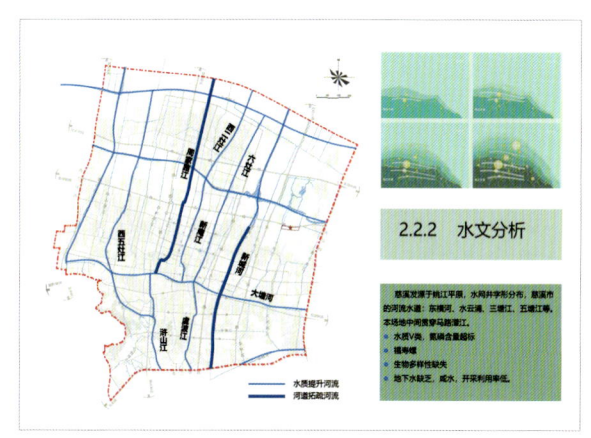

图6-3 城市湿地公园景观规划设计水文分析图（设计：杨璐）

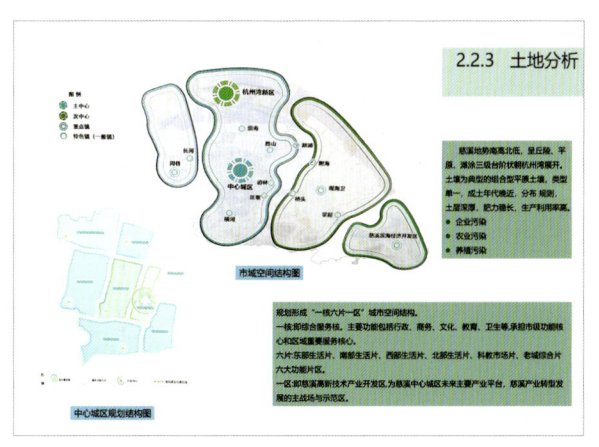

图6-4 城市湿地公园景观规划设计土地分析图（设计：杨璐）

图6-5 白云湖公园场地用地性质分析图

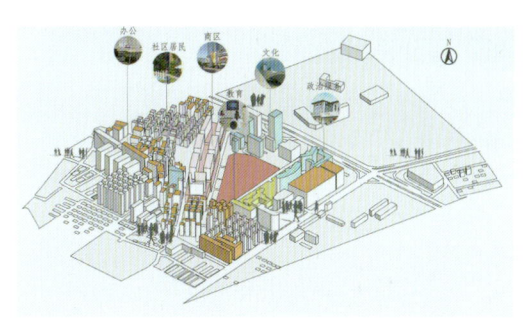

图6-6 场地业态分析图

图6-7 场地区位及周边分析图

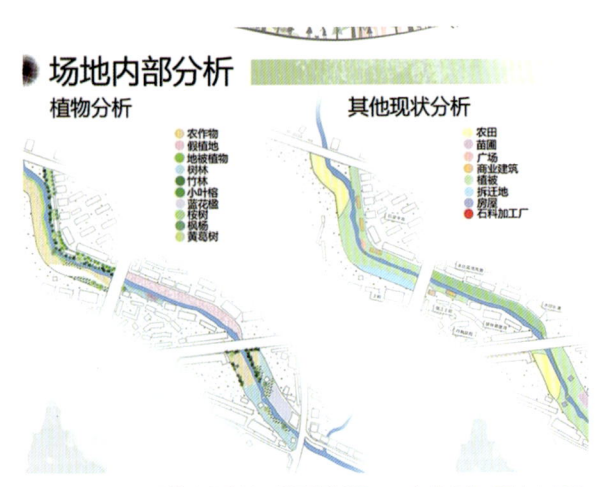

图6-8 2017届岭南园林杯"温蕴澎溪，一衣带水"场地内部分析图

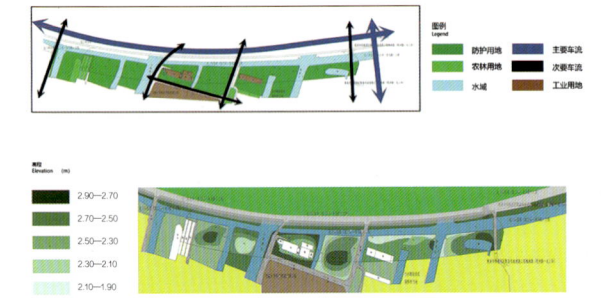

图6-9 城市湿地公园景观规划设计场地内部分析图（设计：杨璐）

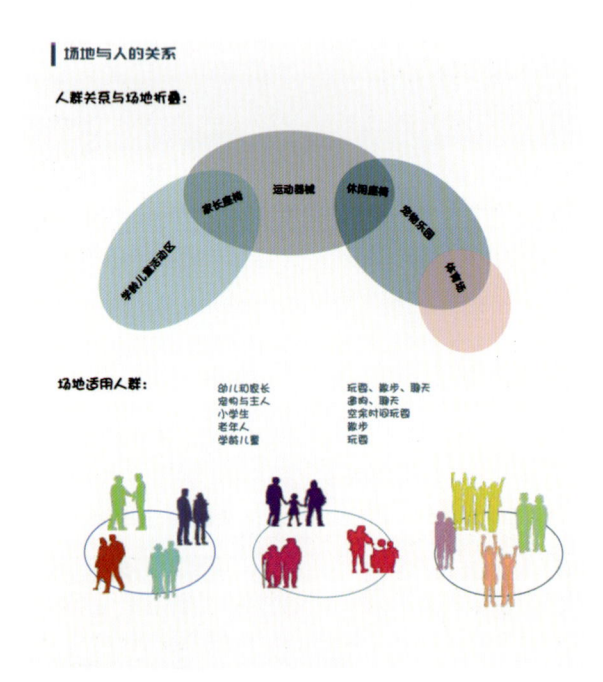

图6-10 人群关系示意图

（6）内部其他分析

①天际线

称城市轮廓或全景是由城市中的高楼大厦构成的整体结构，或由许多摩天大厦构成的局部景观。天际线易被作为城市整体结构的人为天际。

②场地内部分析

分析场地内原有的内部环境，湖泊、河流、水渠分布状况，各处地形标高、走向，建筑物和构筑物等分析特色和价值。（图6-8、图6-9）

③设施分析

a. 分析现有设施的艺术风格,确定整体艺术风格。

b. 分析设施的种类是否齐全。

c. 分析现存设施布局存在的问题。

④人群分析

可分析潜在人群、意向人群、目标人群。表现形式：a. 分析类图纸 b. 图表数据类图纸。（图6-10）

⑤因素保留

要尊重和保留场地的历史积累进行保护性设计，尽量减少对历史遗留和生态的破坏，保护中华传统文化留住根。可以通过保存式设计，改造式设计，仿建式设计，就地取材。

（7）SWOT分析

实地考察、查找相关资料，对场地进行SWOT分析，分析场地的优势、劣势、机会、威胁，进而从整体上把握场地的设计规划。（图6-11、图6-12）

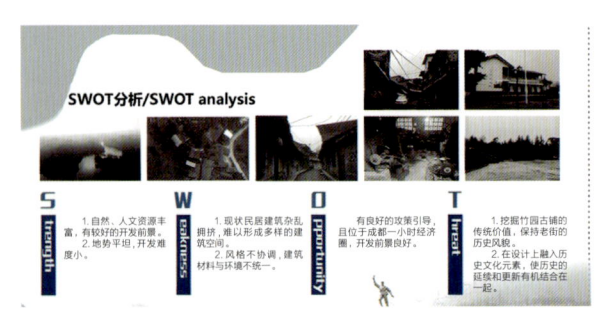

图6-11 2017届岭南园林杯"韶华昔史，竹韵言志"SWOT分析图

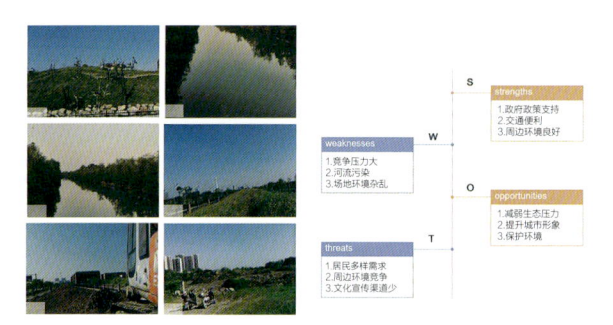

图 6-12 城市湿地公园景观规划设计 SWOT 分析图（设计：杨璐）

图 6-13 2017 届岭南园林杯"韶华昔史，竹韵言志"设计构思图

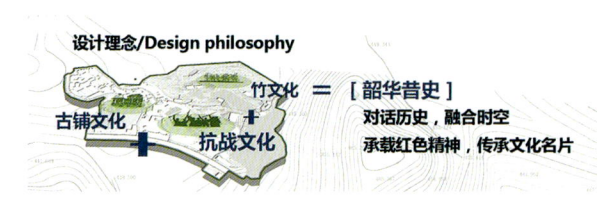

图 6-14 2017 届岭南园林杯"韶华昔史，竹韵言志"设计理念分析图

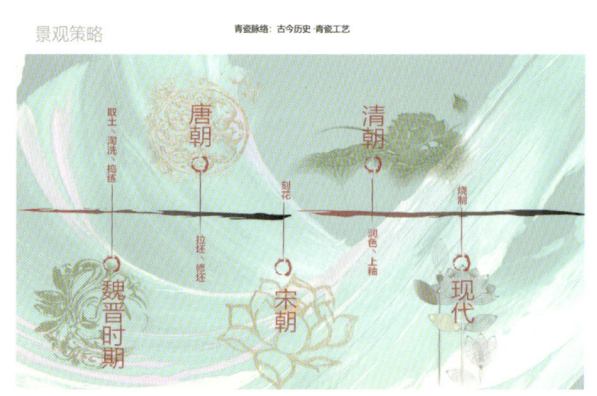

图 6-15 城市湿地公园"青瓷"文化景观规划设计策略（设计：杨璐）

2.设计构思阶段

（1）收集全民意见

提高国民参与度，调动人们的积极性，让设计更人性化，以人为本。形成全民参与城市建设的生动实践，切实把"人民城市人民建"的理念落到实处。

（2）设计目的、原则、理念

坚持可持续发展原则，坚持以人为本的原则，讲好地方文化故事，坚持可操作性原则。

（3）概念与构思

建立与自然生态相适应的功能系统，创造符合人们审美需求的宜居场所，应用相关元素提取，保持人类多元化与地域文明（图 6-13、图 6-14）。

（4）确定设计主题

根据概念拟定设计主题，满足人们美好生活的愿景，体现生态效益、文化熏陶、现代科技力量等等（图 6-15）。

（5）客群定位

根据客群的年龄、心理、需求以及场地特有的性质、周边环境的限制等因素来确定设计场地的功能，最主要是满足客群需求。

3.方案设计阶段

（1）方案分析

包括：功能分析、交通分析、节点分析、视线分析、流线分析、竖向分析、空间分析、游览项目分析、基础设施分析、植物种植分析、景观结构分析等（图 6-16 至图 6-19）。

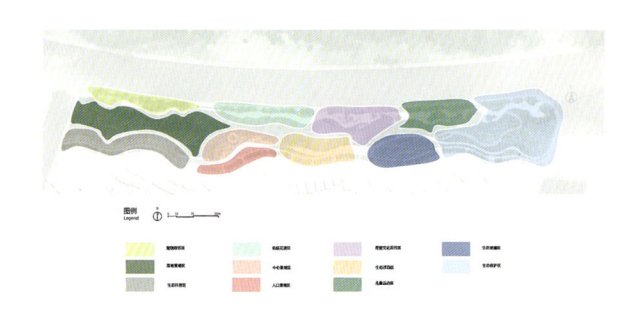

图 6-16 城市湿地公园景观规划设计功能分析图（设计：杨璐）

节点分析

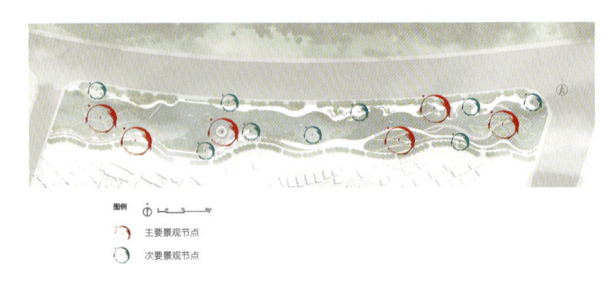

图 6-17 城市湿地公园景观规划设计节点分析图（设计：杨璐）

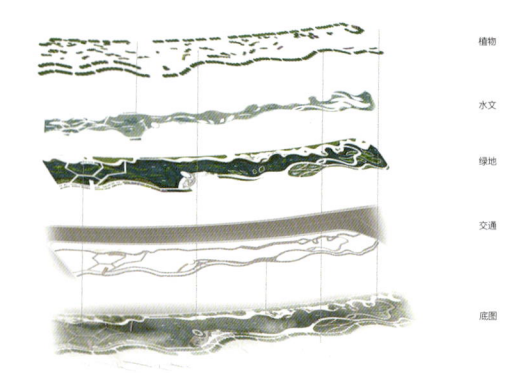

图 6-19 景观结构分析图

图 6-18 植物种植分析图

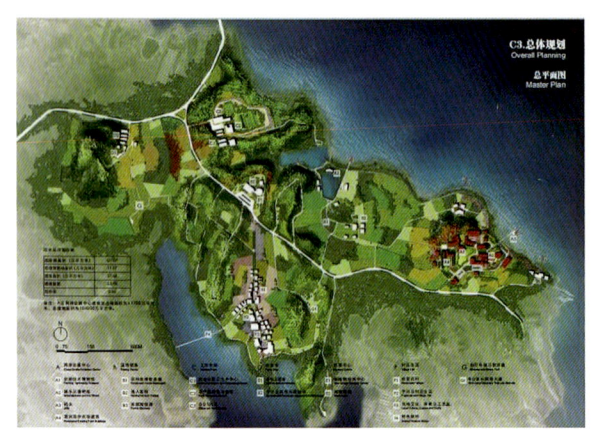

图 6-20 生态休闲农业观光园景观规划设计方案总平面图

（2）总平面图

根据深化分析和甲方的意见，在初稿的基础上进行更改，总平还需包括指北针、风玫瑰、比例尺、图例、节点文字说明、分区平面范围、主要剖面位置、主要景点名称、功能区、文体设施名称、设计说明（图6-20）。

（3）专项设计

对某一节点做出更详细深入的设计原理的分析和运作的过程。如驳岸专项设计、生态专项设计（图6-21）。

图 6-21 2017 届岭南园林杯"结庐"湿地生态系统专项设计图

4.施工图设计阶段

包括主要景观的平面图、立面图、剖面图、大样图等（图6-22、图6-23）。

5.设计表现

绘制景观局部效果图、鸟瞰图、三维动画、视频以及模型展示等（图6-24图6-26）。

【项目思政】

在新时代推进城市建设，必须深入贯彻落实习近平总书记提出的"城市是人民的城市，人民城市为人民"的重要论断，坚持以人民为中心，是对我国古代民本思想的创造性转化、创新性发展。"国以民为本，社稷亦为民而立"聚焦人民群众的需求，合理安排生产、生活、生态空间，走内涵式、集约型、绿色化的高质量发展路子，努力创造宜业、宜居、宜乐、宜游的良好环境，让人民有更多获得感、安全感，为人民创造更加幸福的美好生活。

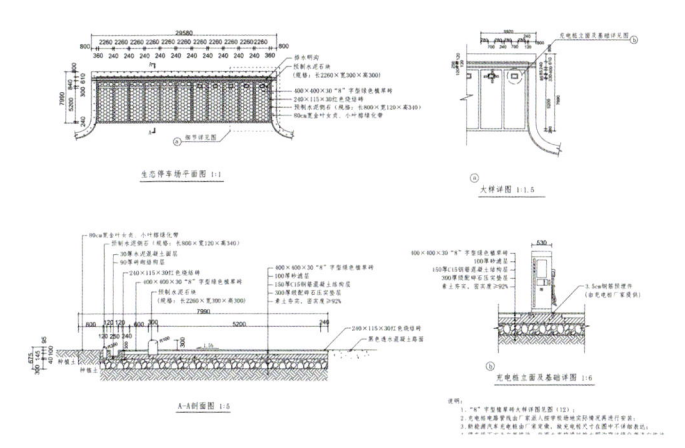

图6-22 生态停车场施工图（设计：唐玉 单位：mm）

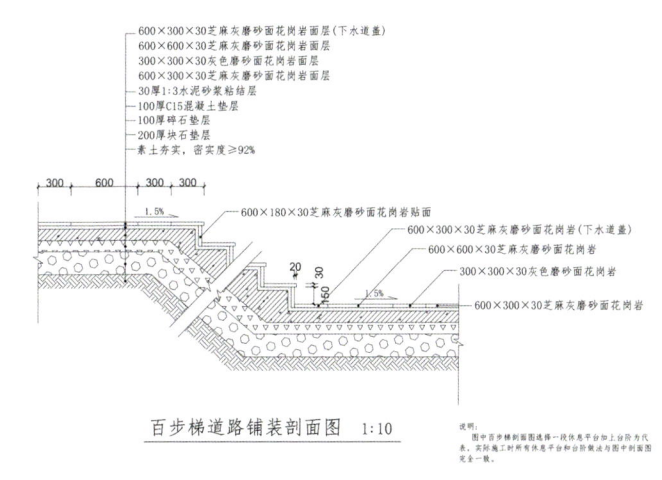

图6-23 百步梯道路铺装剖面图（设计：唐玉 单位：mm）

图6-24 城市湿地公园景观规划设计效果图（设计：杨璐）

图6-25 "在水之涘"地域景观规划设计鸟瞰图（设计：向纪娇）

图6-26 归栖——温泉度假村景观规划设计鸟瞰图（设计：柳春花）

【理论研究】

项目二　乡村风景园林绿地规划设计

乡村风景园林绿地规划是一项综合性的研究工作，基于对乡村景观的形成、景观类型的差异，以及时空环境的变化等。乡村风景园林绿地规划涉社会、经济、文化各方面，所要研究的内容非常丰富，包括历史、地理、建筑、民俗、社会结构、景观、环境、艺术等，因此乡村风景园林绿地规划需要多学科的专业知识的综合应用，包括土地利用、生态学、地理学、风景园林学、农学、土壤学等。

一、确定乡村绿地规划原则和标准

乡村景观规划是对景观进行有目的的干预，其规划的依据是乡村景观的内在结构、生态过程、社会经济条件以及人类的价值需求，这就要求在全面分析和综合评价景观自然要素的基础上，同时考虑社会经济的发展战略、人口问题，还要进行规划实施后的环境影响评价。根据乡村实际情况，即原有绿化、经济水平、规划总体目标、自然气候条件、地形地貌及植被情况等，制订绿地规划的原则和标准。

二、乡村景观绿地规划要素调研

乡村绿地景观要素分为自然要素和人文要素两大类。

1.自然要素

乡村景观自然生态系统调查，主要包括：自然气候调查、乡村地形地貌调查、土壤条件调查、水文环境调查、乡村范围内原有绿地及分布情况调查、乡村建设用地总体规划及各分项规划调查、乡村范围内植被类型及景观调查、乡村范围内植物、动物生长情况调查、乡村周边植被类型及景观调查等。（图6-27）

2.人文要素

乡村景观人文要素调查，主要包括：乡村的历史沿革、民风民俗、村民生活规律、生活习惯、村民活动、乡村地域文化、民族风情、历史传统、当地特色、非物质文化遗产、经营特点和社会经济等。（图6-28）

图6-27 福田村场地现状：大面积土地荒废，农田闲置，环境较差

图6-28 四川合江县符阳村人文景观要素调研分析图

三、乡村景观绿地生态系统分析

1.乡村景观生态的分类

乡村景观生态的分类根据景观的功能特征，如生产、生态环境、文化及其空间形态的异质性，进行景观单元分类，是研究景观结构和空间布局的基础。（图6-29、图6-30）

2.乡村景观格局分析

主要景观单元的空间形态及群体景观单元的空间组合形式，是乡村景观结构与功能之间协调合理的基础。（图6-31）

3.乡村景观生态适宜性分析

乡村景观生态适宜性分析是景观生态规划的基础，主要包括生态适宜性因子的筛选、评价因子分级及权重的确定、生态适宜性分析方法、生态承载力及生态足迹等分析。

四、乡村景观绿地评价

乡村景观综合评价主要是评价乡村结构布局与各种生态过程的协调性程度，并反映在景观各种功能的实现程度上。评价体系主要包括四个方面。

1.美学功能

美学功能层次是基于视觉感受的乡村景观的相对价值，涉及的因素包括景观的独特性、景观的认同性、景观的客观质量和人造景观的相容性。

图6-29 劳作的人民

图6-30 乡村生产景观环境

图6-31 乡村景观格局

2. 生态功能

生态功能层次体现的是乡村景观保护与维持生态环境平衡的功能，涉及因素包括景观的稳定性、景观的异质性、景观的连通性和景观的恢复能力。

3. 聚居条件

聚居条件层次主要包括"聚"和"居"两方面，涉及因素包括聚居条件的适宜性、聚居地的便捷性、聚居地生态环境和聚居地社会环境。

4. 经济基础

经济基础层次是区域乡村发展的重要物质基础，涉及因素包括乡村的经济活力、可持续能力、产业先进性及三大产业结构比例。

五、乡村绿地规划总体布局

乡村绿地规划就是合理地安排乡村土地及土地上的物质和空间来为人们创造高效、安全、健康、舒适、优美的环境的科学和艺术，为社会创造一个可持续发展的整体乡村生态系统。乡村绿地规划总体布局包括生态恢复与保护、农业景观规划、乡村聚落景观规划三大体系。（图6-32）

1. 绿地生态恢复与保护

乡村绿地总体布局要处理好生态问题，包括对水系、植物以及生态廊道的保护与建设。

①水系：涉及自然水系和人工水系，整体布局中需要考虑有关水体的区域治理、源头保护、滨水驳岸建设、湿地环境保护、人工渠道设计等。（图6-33）

②植物：保护植物是促进物种多样性、稳定生态系统的最直接方式，可以有效防止水土流失、改善区域小气候。在整体布局中注重对自然森林资源的保护和人工地带植物环境的建设。

③生态廊道：提高区域生态系统的连续性和完整性。在整体布局中可以构建重要的线性空间轴线，主要涉及道路廊道、滨河廊道、谷地廊道、山脊廊道等。（图6-34至图6-38）

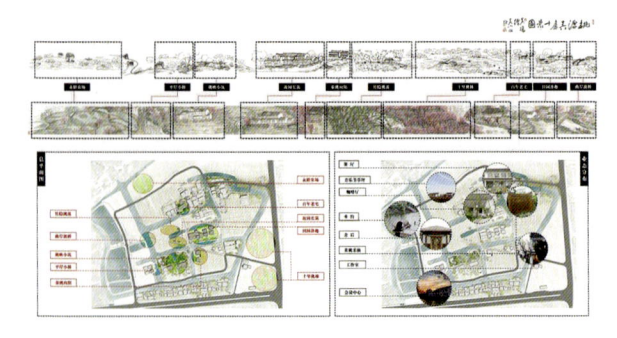

图6-32 《桃源吴房十景图》与整体设计创作过程

图6-33 梁平乡村小微湿地景观

图6-34 谢岗镇赵林截洪渠上游生态廊道

图6-35 姚庄回族乡道路生态廊道

图6-36 浦江县浦阳江生态廊道

图6-37 谢岗镇赵林截洪渠上游生态廊道

图6-38 山脊生态廊道

2.农业景观绿地规划

农业景观不仅是乡村最典型的绿地特征，也是维系粮食安全和生态安全的重要保障。

①生产农业景观绿地规划

生产是农业的根本。通过人为的干预有效提高农业景观的生产效率是乡村景观绿地规划体系的重要内容，主要包括农业土地利用方式规划、农业景观空间格局规划、农作物种植结构规划、土地集约化程度规划等内容。

②生态农业景观绿地规划

生态农业景观绿地规划是农业可持续发展和区域生态安全的重要措施。包括农田生态林网的建设、农田灌溉渠网的生态化设计、农田边缘生态林带的建设等内容。（图6-39、图6-40）

③生命农业景观绿地规划

生命农业景观绿地规划不只是满足一般的农业生产、生活和生态功能，而是有文化、医疗、教育等生命体验的价值，以及能全面提升农业景观的美学价值、体验价值，能增强农业景观的文化属性，如耕读

图6-39 农田生态林

图6-40 上堡梯田通过古渠自流灌溉农田

图 6-41 乡村旅游景观

图 6-42 姚家峪生态旅游度假区

图 6-43 耕读教育

图 6-44 乡村书院

书院、休闲农业、旅游农业的发展等。（图 6-41 至图 6-44）

3.乡村聚落景观绿地规划

乡村聚落景观绿地规划是展示乡土文化和提高乡村聚居环境的核心手段。

①乡村聚落规划：提高土地利用率，有利于农业的集约化生产和村落的基础设施更新。主要包括自然村落的整合规划、乡村聚落扩散的生态控制、空心村整治等。（图 6-45）

图 6-45 空心村夜景

②乡土风貌规划：营造地域特色的乡村景观形象，集中体现地域的自然环境、民俗风情、传统建筑艺术，以及传统构建理念与乡村综合经济实力。主要包括村落的空间布局规划、建筑景观规划、绿化景观规划、民俗活动场地建设等。（图6-46、图6-47）

③生态环保规划：要实现乡村聚落景观可持续发展，就需要提高乡村人居环境建设。主要涉及乡村能源规划、乡村边缘区域的生态林带规划、乡村生活污染和乡镇企业工业污染的防治规划等方面。（图6-48）

④基础保障设施规划：建立完善的基础保障设施。主要包括交通系统规划、电信系统规划、乡村医疗服务站规划、乡村学校规划和防灾系统规划等内容。

六、乡村绿地景观空间营造

乡村绿地景观空间包括生产空间、养殖空间、林地空间、草地空间、湿地空间、休闲空间、活动空间、人居环境空间、村落空间、自然保护区空间等。空间营造要满足不同的乡村空间功能，如粮食种植、农业生产、畜牧养殖、村民生活、休闲娱乐、旅游观光、研学教育、商业服务等功能。（图6-49至图6-52）

图6-46 瑶湾乡土风貌

图6-47 云南绿色乡土建筑

图6-48 古树下的村庄

图6-49 桃源吴房十景之田园涉趣

图6-50 桃源吴房十景之百年老宅

图6-51 桃源吴房十景之野趣农场

图6-52 桃源吴房十景之十里桃林

七、规划方案调整实施

应用现代技术手段对乡村绿地景观进行动态监测与调整，并实施规划。（图6-53）

【项目思政】

党的十九大提出"实施乡村振兴战略"，标志着我国城乡一体化进入到城乡融合发展，以"民意"为落脚点，激发中国农民创业梦和创业实践，并基于生态维护、古村保护、文化传承等"底线思维"，对村庄特色挖掘、资源整合、全域策划、空间布局、设施配置、环境整治等方面进行"民意"规划。充分尊重农民意愿加强传统村落保护，谋划生态和经济的双重发展，实现村庄规划"多方位"民众参与的探索与实践，推动经济发展，切实维护农民的意愿和创造，提升农民的获得感和幸福感。

图6-53 整体风貌提升过程中的吴房村

【实践探索】

实训一 城市风景园林绿地规划设计

一、任务提出

根据重庆总体规划，基于城市更新基本理念，建设一个与重庆经济发展水平相协调的适宜的城市综合性公园。

二、任务分析

项目位于重庆北部新区礼嘉商务聚集区，毗邻嘉陵江。要把礼嘉商务聚集区打造成重庆北部新区、两江新区乃至重庆市的形象窗口、商业中心和总部基地。其基地内有白云湖生态水系及生态绿地（图6-54）。白云湖公园周边区域主要为教育科研、商业金融和商业居住用地。基地内湖泊常水位总面积为175000 m²，常水位线约在311.00 m，洪水位线在312.00 m。场地内南北最大距离为1690 m，东西最大距离为1640 m；基地周边丘陵山势环绕，最大高差约为50 m，空间形态丰富，由坡地、密林地、垂直岸线、缓坡草坪空间组成。现状景观视线丰富，有一条以水为核心，以山体半岛为轴的主要景观视线，内部交通主要有白云湖外部交通干道、龙塘湖沿岸环线游步道。场地内现状植被类型单一，基本上以次生林为主，大部分为次生构树、刺槐林、丛生灌木。少量原生植被呈点状分布，主要为樟科、壳斗科植物。（图6-55至图6-57）

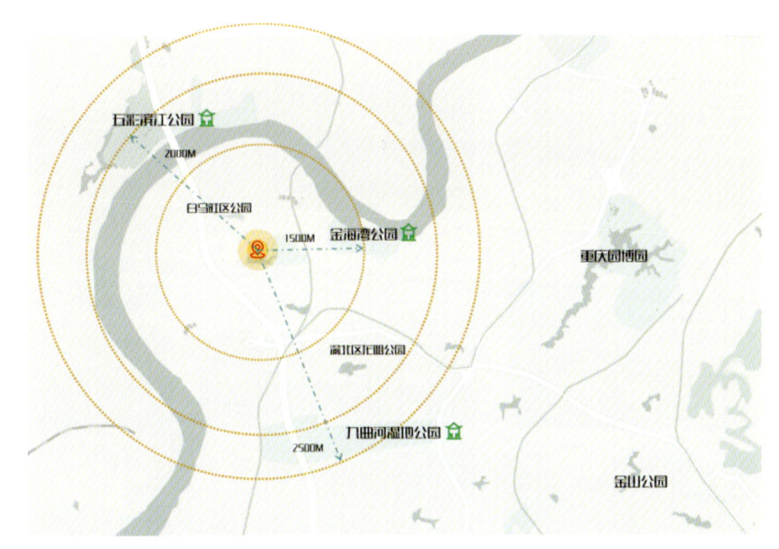

图6-54 项目区位

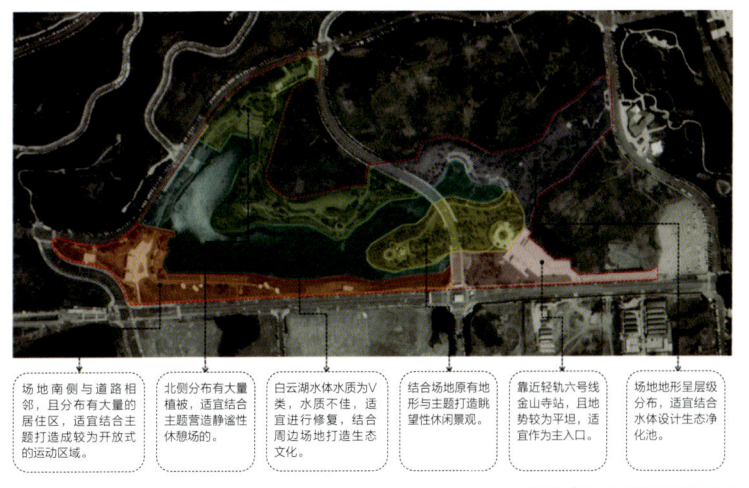

图6-55 白云湖公园现状

图6-56 白云湖公园地形

图6-57 白云湖公园现场照片

三、任务实践

结合理论研究，探索解决项目，完成以下实践内容：

1.规划方案设计

规划方案设计包括区位及周边环境分析图、总平面图、理念生成图、功能分析图、交通分析图、节点分析图、视线分析图、竖向分析图、配套设施布置示意图、公园鸟瞰图等。

2.专项设计

专项设计包括生态设计方案、建筑设计方案、植物设计方案、基础服务设施系统设计图、标识系统设计图、无障碍设施设计图、主要节点设计等。

3.设计效果

设计效果包括手绘效果图、电脑效果图、动画展示、模型制作等。

4.设计说明

设计说明包括场地概况、设计依据、设计思想、设计原则、设计内容、技术经济指标等。

四、任务评价

1. 设计思想具有正确的价值观，能推动新时代城市建设的可持续发展。

2. 能合理处理水域、地形高差、构筑物之间的关系，可解决场地实际问题，规划设计具有创新思维。

3. 图纸绘制规范，设计说明内容完整。

4. 方案汇报具有良好的语言表达能力，能表现出应变思维和辩证思维。

5. 具有团队合作精神、生态文明观和社会责任感。

实训二 乡村风景园林绿地规划设计

一、任务提出

根据乡村振兴战略，以及大力发展休闲农业和乡村旅游的政策要求，建造一个农旅一体化产业园。

二、任务分析

项目位于秀山土家族苗族自治县，属于重庆市东南部，武陵山脉中段，四川盆地东南缘外侧，为川渝东南重要门户。其东邻湖南省龙山县、保靖县、花垣县，西南连贵州省松桃苗族自治县，北接酉阳土家族苗族自治县。本项目用地性质属于农林用地。（图6-58、图6-59）

三、任务实践

结合理论研究，探索解决项目，完成以下实践内容：

1.规划方案设计

规划方案设计包括区位及周边环境分析图、总平面图、理念生成图、功能分析图、交通分析图、节点

图 6-58 项目现状

图 6-59 项目场地现场照片

分析图、视线分析图、竖向分析图、园区管理规划图、园区鸟瞰图等。

2.专项设计

专项设计包括生态设计方案、植物设计方案、基础服务设施系统设计图、标识系统设计图、无障碍设施设计图、主要节点设计等。

3.设计效果

设计效果包括手绘效果图、电脑效果图、动画展示、模型制作等。

4.设计说明

设计说明包括场地概况、设计依据、设计思想、设计原则、设计内容、技术经济指标等。

四、任务评价

1. 设计思想具有正确的价值观，能推动中国乡村绿色可持续发展。

2. 能合理处理植被、地形高差、生产、生活、游览之间的关系，可解决场地实际问题，规划设计具有创新思维。

3. 图纸绘制规范，设计说明内容完整。

4. 方案汇报具有良好的语言表达能力，能表现出应变思维和辩证思维。

5. 具有团队合作精神、"三农"情怀和社会责任感。

【知识拓展】

五感景观

五感景观是从感官体验的角度，将景观分为视觉景观、听觉景观、触觉景观、嗅觉景观和味觉景观，也称为多感官景观。人的眼、耳、鼻、舌、身对外界的"色、声、香、味、触"会产生反应，引发不同的生理和心理感受。五感景观体现了公众对景观要求的提升，在设计项目时，应从五感的各方面出发，提升景观的感官体验效果与人们在景观中的舒适度，进而创造一个更加美好的全面的城市景观系统。

模块七

城市风景园林绿地规划案例探索

项目一　街道绿地规划设计

项目二　广场绿地规划设计

项目三　居住区绿地规划设计

项目四　单位附属绿地规划设计

项目五　公园绿地规划设计

项目六　风景区绿地规划设计

模块七 城市风景园林绿地规划案例探索

【模块简介】

新时代的城市风景园林绿地规划设计在生态文明和美学引领下，具有自然属性和社会属性的双层含义，驾驭着整个国土空间的结构、功能与思想的完美统一。

本模块内容从城市风景园林绿地规划案例入手，用科学方法进行详细的探讨与分析，包括：项目简介、项目规划设计理念和项目解析。本模块从美丽中国的城市建设发展中提炼项目思政元素，围绕城市宜居、城市健康、城市人文以及城市"双碳"目标等方面，剖析城市街道、广场、居住区、单位附属绿地、公园以及风景区等绿地规划设计。在实践探索环节中，针对城市绿地规划设计优秀案例，关注案例的生态价值、人文价值和社会价值，反映理性思维、感性思维、辩证思维、发散思维、创新思维和逻辑思维的综合表现。

探索中国一座座生态城市、韧性城市、活力城市、幸福城市、平安城市，感受美丽中国城市绿地规划在高质量发展道路上的创新、智慧、绿色、人文和特色。

【知识目标】

掌握城市风景园林绿地规划案例分析的基本思路和方法，理解案例的项目规划设计理念和设计要点，吸收中国城市绿地规划中的优秀案例精髓。

【能力目标】

完成城市风景园林绿地规划案例分析，能够准确分析案例的项目要点，理解规划设计思想，提炼设计亮点，结合社会发展提出见解；并能够与同类案例进行对比分析，锤炼风景园林绿地规划案例表达、评价能力和高阶思维。

【思政目标】

项目案例分析遵循城市更新发展理念，增强人与自然环境和谐共生的中国式现代化意识，挖掘地域特色，促进文化自信与传承，弘扬社会主义核心价值观，提炼在城市风景园林绿地规划中发现、感知、欣赏、评价美的重要育人作用，践行"双碳"目标，培养科学精神和生态伦理道德。

【案例研究】

项目一　街道绿地规划设计

一、项目简介

项目名称：重庆市万州区吉祥街城市更新
项目地址：重庆市万州区万达金街
景观面积：2400 m²
业主单位：重庆市万州区住房城乡建委
设计单位：WTD 纬图设计
建筑改造：上海大椽建筑设计
施工单位：重庆吉盛园林
竣工时间：2021 年
摄影版权：三棱镜

项目背景：该项目位于重庆市万州区吉祥街，吉祥街是从万州港至万达广场进入万州母城的一个通道空间，向前连接着繁华热闹的万达金街，背后是一片老旧的半山居住区，狭窄的巷道向上连接着承载母城历史记忆的行署大院。而项目的中心场地是一个附属于老旧社区的边缘背景生活空间，被围合成一个三角形区域，两端通过窄长的甬道与外面的万达广场连接。（图 7-1、图 7-2）

二、项目规划设计理念

该项目属于城市街道绿地改造项目，改造面积约 2000 m²，整体以激活老城活力、提升母城核心竞争力和区域价值为首要任务，以打造重庆市城市更新样板间为目标，致力于将其打造成为展现独特历史文化的特色街巷。（图 7-3）

该项目由政府主导，其规划设计理念主要为更新。其设计理念体现在场地街巷的改造并不止于外观外貌，更重要的是保留其文化底蕴，彰显城市特色，在尊重现有巷道肌理与风貌的基础上，植入本地文化

模块七　城市风景园林绿地规划案例探索

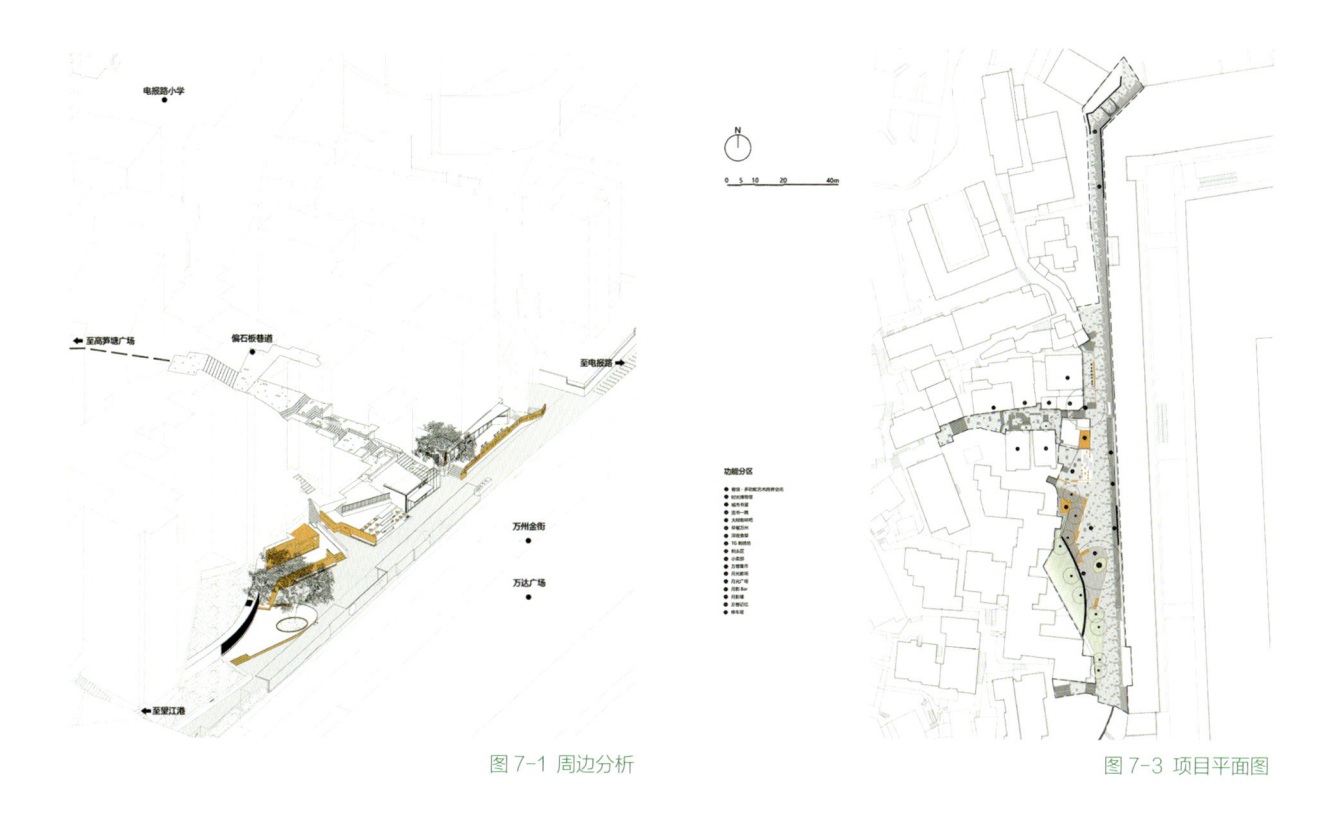

图 7-1 周边分析

图 7-3 项目平面图

图 7-2 场地原始照片

图 7-4 项目点状业态分布

图 7-5 月影墙日景

图 7-6 月影墙上月亮阴晴圆缺的变化

图 7-7 古树被保留

与记忆。该项目主要通过吉祥街"点式"微更新，促使社会资源共同参与主动改造，实现"面式"片区生态激活，让老城区焕发活力。（图 7-4）

三、项目解析

当前我国城市建设速度逐步放缓，主要体现在新开发项目的逐年减少以及城市中大量存有亟须更新改造的地块（包括建筑、园林、城市设施）等方面。因此，本项目探讨的街道绿地规划设计其核心也偏向于改造更新。本研究方案的设计核心具体体现在如下几个方面：

1. 满足多群体使用

项目设计方在调研周边居民对场地的生活需求后，更新了场地空间使用的多种功能，尤其是让年轻的群体愿意走进这个原本消极的空间。设计方进行了多维度的文化叠加，以满足本地市民的生活需求，并且适当地引入网红业态，吸引年轻的消费群体（图7-5、图7-6）。其核心解决策略是城市更新。首先要立足于场地本身，尽可能地保留场地基地，服务于本地市民生活活动；其次是合理适当地进行商业运营，引进更多年轻载体和鲜活的力量，从根本上活络老街。

2. 整合升级社区生活空间

设计方基于现状，保留了大量老的基底，比如场地原有结构、树木，并对其进行重新解读与包装，围绕现有的黄葛树打造月光剧场、城市书屋和览书一隅等空间。设计方将原本杂乱消极的空间进行新的诠释，不仅能满足原有居民的生活功能，还能服务于本地市民生活活动。（图 7-7）

此外，还增加了更多可能性的场地功能，以吧台和坐凳的形式，呈现室外书吧这样的小空间及外摆空间，提高空间的利用率，为人们提供停留、交谈、活动的休闲平台，让本地居民在这个空间里唤起记忆，延续他们原有的生活方式，同时满足更多年轻人的审美喜好。通过设计手法进行升级的同时，也让整个空间更富有层次，变成一个积极、包容性、多元化的空间，在延续原有居民生活方式的同时，也能够吸纳更多年轻人进入空间。另外，把原有的不能动的防滑桩和用混凝土浇筑的沼气池，以及很多杂乱的管线，在立面上用铝板将这些物体包住，使其变成类似于穿孔板形式的剧场文化墙。（图7-8、图7-9）

3.更新和复苏活力业态

该项目立足于旧城改造，需要合理的商业运营与时尚业态植入才会让整体空间体系呈现得活灵活现。

有别于常见的老街商业形式，本项目以点状存在的商业业态，代替片状的底商模式，对场地进行整体的梳理，对于部分临街建筑进行改造与重建，打造网红咖啡店，引入更多年轻载体，为街区注入鲜活的力量，带动老街氛围，从而吸引年轻群体进入空间，激发社区活力，活络老街。结合场地打造灵活市集，预留足量空间，满足特定时节的市集、营销展示等活动需求。带动老街的地摊儿经济，植入新的时尚业态，为街巷注入互动性和时尚性的活力体验，从而吸引更多的年轻人。（图7-10、图7-11）

项目在场地中置入城市记忆，通过景观的手法，将万州港过去的记忆文化载体演变成景观墙体、景观装置等景观元素。让居民和游客走到这个空间的时候都可以跟场地产生共鸣，成为连接生活和文化的记忆纽带。在入口空间用虚影的格网设计了拱门，作为进入老街的起点。比如场地中的景观装置——

图7-8 室外书吧

图7-9 展现老城风貌的镂空金属景观墙

图 7-10 改造后的社区生活空间

图 7-11 多功能水磨石阶梯区域

图 7-12 入口空间虚影的格网拱门

虚影之门，由 30 万根钢丝组成，整体为纯洁、超脱凡尘的白色，以包容的姿态、轻盈的形式吸引居民与游客，也在夜晚点亮了万巷的深处。其作为上下半城的交会处，越过这个时空门洞，可以回望"那些年"万州区的文化轨迹，感受母城过往的生活百态。（图 7-12）

【项目思政】

城市更新是"十四五"期间城市规划建设管理的重要任务，也是实现"双碳"目标的重要方面。在现代化城市社会发展中，加快转变城市发展方式，统筹城市规划建设管理，实施城市更新行动，推动城市空间结构优化，推行城市设计和风貌管控，是落实适用、经济、绿色、美观的新时期建设方针的基本思路。本项目顺应城市发展的新理念、新趋势，开展城市现代化街道绿地景观更新，建设宜居、创新、智慧、绿色、人文、韧性城市；保护和延续万州区的城市文脉，让城市留下记忆。项目更新的不仅仅是环境，还更新了市民的生活品质，体现了国家对老百姓的深切关怀，塑造了新时代的城市特色。

【案例研究】

项目二 广场绿地规划设计

一、项目简介

项目名称：望京 SOHO

项目地址：北京市朝阳区望京街与阜安西路交会处东北地块

项目面积：115393 m²

景观设计：易兰规划设计院

建筑设计：扎哈·哈迪德建筑事务所

设计时间：2010年2月

竣工时间：2014年8月

摄影版权：Holi河狸景观摄影、易兰规划设计院

项目背景：望京SOHO位于北京市朝阳区望京街与阜安西路交叉路口的望京B29项目，即北京的第二个CBD——望京核心区。项目由三栋流线型塔楼组成，由世界著名建筑师扎哈·哈迪德担纲总设计师。朝阳区望京B29项目建设用地面积48152.523 m²，规划建筑面积392265 m²。（图7-13）

二、项目规划设计理念

项目整体景观设计依托建筑展开，围绕三座建筑分别划分为北侧、西侧、东侧和南侧四块绿地，不同区域配置不同的景观主题花园。场地中各景观要素的形式都与建筑相互呼应，包括桥梁、喷泉等景观构筑物，营造出具有健康意识的商业广场空间。

望京SOHO已成为北京最著名的高层地标之一，其花园是当地社区的核心。该项目为人口稠密和城市化地区的居民提供了一个恢复性和令人耳目一新的绿洲。望京SOHO以其圆润的建筑和环保的景观，已成为城市新的副中心。独一无二的都市园林式办公环境使其成为国内首个亚高效空气环境的办公和商业楼宇，内部的有机公园结构、喷泉广场和植物小径、开放式运动空间与三栋流线型塔楼进行无缝融合，为当地上班一族和居民提供了一个舒适的广场环境。

设计方为望京SOHO打造了休闲剧场、场地运动、艺术雕塑、水景四大主题景观，体现出四季更迭变化。整个区域为50000 m²超大景观园林，其绿化率高达30%，形成了独树一帜的都市园林式办公环境。（图7-14、图7-15）

图7-13 项目概览

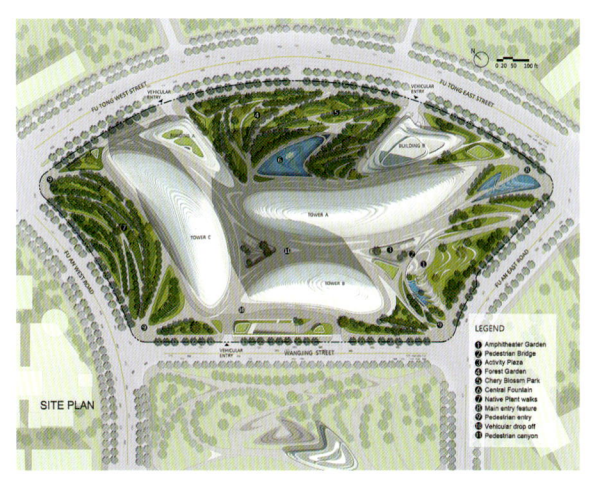

图7-14 场地总平面图

图7-15 都市园林式办公环境

三、项目解析

1. 水景设计

水景主要以音乐喷泉构成，而音乐喷泉的设计理念是"锦鲤嬉水"。水景位于场地地势相对平缓的北侧绿地，同时根据地形配备休憩空间。北广场的中央喷泉边界采用流线型缓坡设计，并与周边场地道路、地形植被交相呼应。

水景由外侧抛物线泉、中心跑泉及位于水面中央且有 30 m 高的气泡泉组成，并配合韵律感极强的乐曲和炫彩夺目的夜景灯光，水柱则按照设定程序伴随着旋律起伏，将艺术与科技完美缔合，打造了动静相宜的办公休闲空间，创造了一个有凝聚力、健康的绿色景观供社区享受。（图 7-16）

独具匠心的音乐喷泉和园林景观设计与楼群相辅相成，打造出了一个节能、节水、舒适、智能的北京新绿色建筑。

此外，水景区还有由钢结构支撑的景观桥，结构精良，利用水平竖直双向曲面，打造灵动轻盈的景观桥体。排水口暗藏于绿地与道路转角交会处，美观实用。水景边矮墙座椅采用双曲面设计，既烘托水景区动感氛围，又能满足游客多角度观景需求。（图 7-17、图 7-18）

2. 植被空间设计

整个场地植被栽种遵循因地制宜原则，如公园西部的步行道种植了本土植被，本土植被需要的资源和管理更少，同时提供动态的彩色视图。采用了雨洪管理技术，减少了地面热辐射，缓解了夏季的城市热岛效应。在高度城市化的望京区，活跃的植物调色板也提供了重要的野生动物栖息地。（图 7-19）

图 7-16 北广场的中央音乐喷泉夜景

图 7-17 灵动轻盈的景观桥体

图 7-18 水景旁提供清凉的休息场所

图 7-19 本土植物的营造

场地西侧绿地紧邻市政道路，设计方利用密植的植物降低道路对此处绿地的影响，同时也将植物作为背景，在绿地内塑造地形，种植大面积地被植物构筑幽静清新的休闲空间。（图 7-20）

3.活动空间设计

南侧绿地主要以运动、休闲空间为主。其中设置了小型艺术馆和运动场地，一条蜿蜒的跑步道将四周的绿地空间串联起来，形成天衣无缝的连续统一体，为人们提供更多休息放松的场所。

东侧绿地是该项目重点打造地块，以两座重点水景和一座露天下沉剧场为主要景观元素。位于场地东北角的水景，以建筑作为背景，引用建筑采用的流线型设计，打造层层相叠的跌水景观。下沉剧场主要运用竖向统一的流线型元素，并将其完美融入建筑环境，青翠的草坪与花岗岩条凳穿插于倾斜的地形之中，自然阶梯式和大面积的开敞草坪预留出更多的绿色活动空间。（图 7-21 至图 7-23）

东园地下圆形剧场沿线有高大的树木和水景，成功地减少了公园外的噪声污染，并在夏季提供凉爽的空间。该空间是多功能的社交空间，可用于举办瑜伽课和表演，同时协助雨水管理。充满装饰性鹅卵石和植物的透水区域过滤了场地的径流水，并将其引向集水盆地，超越了市政风暴系统。（图 7-24）

图 7-20 西侧绿地植被设计

图 7-21 露天下沉剧场

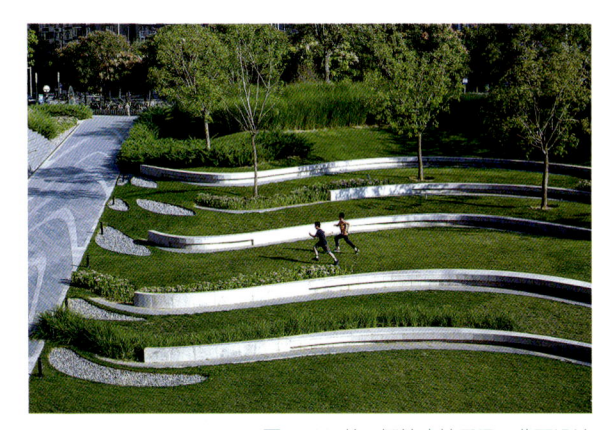

图 7-22 林下矮墙座椅采用双曲面设计

图 7-23 流线型元素与下沉广场的融入

图 7-24 休闲区景色

【项目思政】

改革开放以来，城市规模的不断扩张，加快了我国的城市化进程。在资源和精神的不断消耗中，人类开始关注健康的生产生活方式。新时代风景园林规划与设计的责任与使命是在以人为本的基础上，构建健康生活环境的内涵式发展格局，以此推动中国生态文明建设的步伐。本项目以"健康"为中心的设计特色在中国树立了新标准，以健康环境的户外基础设施设计，营造充满活力的广场开放空间，满足了人们对城市后院客厅绿洲的需求。人们可以在这里相互交流并与大自然互动，从而改善生理及心理的健康状态，实现了人与自然和谐共生，创造了人类文明新形态。

【案例研究】

项目三 居住区绿地规划设计

一、项目简介

项目名称：苏州万科公园里

项目地址：苏州市吴江区长板路

项目面积：13000 m²

业主单位：苏南万科、万科上海区域万晟产品能力中心

设计单位：上海张唐景观设计事务所

施工单位：江苏天润环境建设集团有限公司

设计时间：2016年2月—5月

竣工时间：2018年

项目背景：公园里位于苏州吴江长板路一处十字路口的两侧，紧靠吴江客运站，周边住宅区密布，但缺乏公共活动空间。场地被一条车行道分为东西两部分，东侧的原有建筑围合出了场地东部的基本空间形态；西侧街角的一小块为永久开放空间，而剩下的部分是商业待建用地。（图7-25）

二、项目规划设计理念

本项目旨在创造更多的城市公共空间和增强使用人群与景观的互动性。根据本案特殊的区域位置和现场状况，设计方将场地分为东、西街角广场的永久性景观区域和小公园临时性景观区域三个部分，共设计了17个重要景观节点，打造出了一个丰富多彩、极富趣味的公共活动空间。设计赋予了更多城市公共空间的属性，在提升城市局部环境品质的同时，也能吸引周边的人群前来游玩。（图7-26、图7-27）

三、项目解析

1.蒲公英雕塑

东、西街角广场之间是通往住宅区内部的车行

图 7-25 公园里鸟瞰

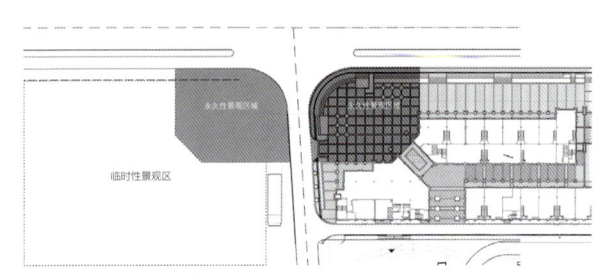

图 7-26 场地设计分区

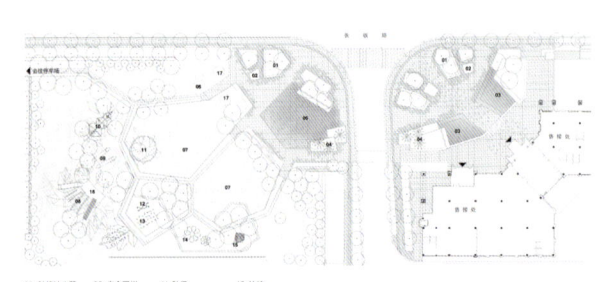

图 7-27 场地总平面图

图 7-28 广场上高耸的蒲公英雕塑

图 7-30 东广场鸟瞰

图 7-29 爵士白坐凳效果

道，一组由 8 个高 10 m 左右的蒲公英雕塑构成的雕塑群强调了入口，也成为场地上的地标性元素。（图 7-28）

2. 铺装和树池

东西广场均以缓坡与市政人行道相连，铺装也统一设计成 600 mm×600 mm 的正方形黑白灰三色跳色石材，这样的处理方式模糊了场地和市政空间的界限，赋予了场地一个友好的对外界面。

在广场上，由几组大型花池组合围合出中央活动空间，花池采用了光面爵士白花岗岩，在阳光下，亮白色的石材耀眼且优雅。花池下方的铺装采用烧洗面福鼎黑花岗岩，与爵士白花岗岩形成鲜明的对比，更突出了白色花池的亮度。（图 7-29）

3. 波浪水台和造浪戏水池

东广场售楼处入口前设置了两个翅膀状的波浪水台，一方面消解了售楼处建筑与广场之间的高差；另一方面由造浪机推出的一阵阵波浪不仅给水台增添了视觉上的动态效果，波浪拍打池壁时产生的声响也带来了听觉上的刺激。（图 7-30）

图 7-31 波浪水台

水台侧边的花岗岩上雕刻有不同形状的等高线状，波浪溢过其上，会产生大小不同、前后不一的水花，阳光照射过来，波光粼粼，伴随着"哗哗"的流水声，营造出一种幽雅的氛围。（图 7-31）

西广场设置了一处面积约 300 m² 的地面波浪戏水池，意图在城市广场上创造一个模拟自然海滩的景观元素。"海浪"从隐藏在爵士白树池侧壁上的出水口喷涌而出，之后逐渐减弱，然后慢慢退回来。该设计在营造互动性场所的同时，也能改善小气候，带来一丝凉意。（图 7-32、图 7-33）

图 7-32 孩子与波浪互动

图 7-33 夕阳下戏水的母子

4.儿童活动区

设计方考虑到小公园是一个临时场所，未来会被改造成商业用地，所以在小公园内主要布置了成本可控的波浪草坡和拥有许多可拆卸再利用的活动器械的儿童活动区。（图 7-34）

白色砾石园路串联了整个公园，与绿色的草坡相映成趣。滑梯、"树叶"攀爬网、秋千、"花瓣"跳跳板、钻洞和"大莲蓬""青虫说"等以自然元素为设计灵感的互动装置，或掩映在草坡之中，或安置在暖色的树叶形塑胶地垫上。这些器械色彩明亮，提倡互动，引发人的联想和探索欲，给孩子们营造了一个童话般的小世界。（图 7-35、图 7-36）

【项目思政】

随着时代的不断发展，人们对精神生活的需求日益提高，风景园林居住区景观设计已经从研究空间的物理性转移到重视满足空间的精神生活需求的方向上，以此更好地提升居民的归属感、幸福感。本项目秉承科学发展观的核心设计思想，注重居住区环境中不同年龄段的人与环境的交互式体验，增强了人与环境互动的积极性，有效提高居住区环境品质，赋予居住景观新的生命力，最终实现可持续更新的、舒适的城市居住区公共空间。

图 7-34 小公园鸟瞰

图 7-35 掩映在草坡之中的儿童活动区

图 7-36 儿童互动装置

【案例研究】

项目四 单位附属绿地规划设计

一、项目简介

项目名称：深圳前海深港青年梦工厂北区

项目地点：前海青年创业区

项目类型：办公产业园

景观面积：90600 m²

业主单位：深圳市前海服务集团有限公司、中海地产

景观设计：奥雅设计 深圳公司项目五组

建筑设计：罗杰斯·史达克·哈伯建筑设计咨询有限公司＆香港华艺设计顾问（深圳）有限公司

室内设计：深圳米窦设计顾问有限公司

景观施工：江苏乾堪建设工程有限公司

设计时间：2019年12月

竣工时间：2021年10月

项目背景：项目位于深圳市桂湾片区的前海新中心城市客厅核心区域，该区域是前海城市客厅中轴线绿脉上的重要"连接点"，占地约90000 m²。

图 7-37 项目与城市的关系

图 7-38 规划策略

图 7-39 总平面图

二、项目规划设计理念

设计方主要基于大尺度空间切入，意在增强城市的文化中心轴，同时延伸绿色基础设施，将被建筑割裂的场地连成一片完整的绿地系统，从而打造出人与环境紧密联系的场地。（图 7-37）

1. 可持续发展理念

该项目主张人与自然和谐共生、可持续发展的理念，梳理了场地与城市的关系，从场所精神、人性需求和生态平衡出发，以入口前景观和中央景观作为核心区域，并分别以两条景观轴线形成主要景观轴，与前海湾相望，打造了前海城市客厅的新地标。（图 7-38）

2. 场地共生理念

设计师始终以生活感、社区感与自然感为核心，对本土元素进行提取、剥离、重组，营造了一个具有地域特色的现代空间。从概念到落地，除了需要有可靠的、精细的设计外，还要有多方的积极配合。该项目希望通过打造园区内不同的公共空间，让场地可以与城市、社区共同成长，并为社区居民服务。

三、项目解析

场地内部主要为入口广场、中央草坪公园、绿色人文街区、林荫庭院、空中花园、雨水花园和屋顶绿化区域，整体环境彰显出一种开放融合、活力多元、充满艺术人文气息、自然生态的氛围。（图 7-39）

图 7-40 园区与街面的交界

图 7-41 内外空间与绿地的相互渗透

图 7-42 宽大的台阶可供市民休息闲坐

图 7-43 大面积的硬质铺装

1. 开放多元的共享空间

在项目与街面的交界处，设计方通过内外空间与绿地相互渗透使场地外部与内部相互融合。项目与街面无明显的内外之分，增强了公共属性。巧妙利用场地与周边市政的高差，采用了台地园设计手法，柔和模糊了原本清晰的边界，用生机盎然的绿色交界面迎接公众，打开一个共享空间。（图 7-40、图 7-41）

入口广场主要采用大面积的硬质铺装，以便满足园区的展示功能，同时，也可为使用者提供宽敞的空间活动，形成公共都市客厅。其宽大的台阶也可以供市民在这里休息闲坐。（图 7-42、图 7-43）

2. 充满艺术人文气息的共享社区

设计方将场地打造成集文创产业、复合商业于一体的多维产业和社交聚集群，营造出多种生活化特色街区场景。主要是在绿色休闲街区的端头位置置入休闲节点，市民在闲暇之时可外出舒缓，在工作饱和紧张时可到户外共享办公，调节压力与状态。共享社区让工作场所也变得更加灵活、协作和开放。（图 7-44）

图 7-44 集文创产业及复合商业于一体的多维产业和社交聚集群

场地中的林荫庭院的设计意在重现岭南的村头大树，特色的环形座椅和树形饱满的樟树，是对本地文化精神场景的承续与演绎。（图7-45）

骑楼作为岭南建筑文化的瑰宝，在高技派的手法下与现代建筑融为一体，是项目对岭南文化的场景化表达。色泽鲜艳的楼梯增强了整个场地的文艺气息和活力氛围，与建筑在色彩上形成呼应，相得益彰。（图7-46、图7-47）

3.自然生态的绿色空间

设计方考虑到本地文化的延续和对本土植物的保护，设计移植了原场地中长势良好的凤凰木点缀在草坪中。超大尺度的草坪设计能够使人放松舒压，调节空间的节奏与尺度，吸引更多的社区居民来使用。使用者可以在这里进行一系列开放活动，可灵活满足多样的集会活动，如草坪音乐会、产品发布会等。（图7-48）

此外，场地通过连廊设计出空中花园，镶嵌在高低错落的建筑体块之间，绿色景观与办公有机结合，形成社交聚会空间与宜人的工作环境。（图7-49）

图7-45 特色的环形座椅，结合树形饱满的樟树

图7-46 骑楼下的现代空间

图7-47 楼梯与建筑在色彩上形成呼应

图7-49 空中花园

图7-48 中央草坪

图 7-50 空中绿廊

图 7-51 第五立面漫步系统

图 7-52 屋顶绿化

三楼的空中绿廊是项目的另一个亮点，也是场地打造的第五立面漫步系统，与屋顶休闲花园连通，可以实现私密空间开放化，是创业者们亲近自然的休憩之处，也是安全又宁静的人际交往空间，提升了园区的幸福感。（图 7-50、图 7-51）

场地中设置了雨水基础生态设施，通过采用屋顶绿化、下凹绿地、雨水花园、透水铺装及雨水收集利用系统等措施来吸纳、蓄渗雨水，并有效控制场地内的雨水径流。同时，雨水收集后还可以供绿化灌溉，以及作为卫生间和地下车库冲洗用水。（图 7-52）

【项目思政】

中国政府对生态文明和绿色发展的推进力度逐年递增，力争 2030 年前实现"碳达峰"、2060 年前实现"碳中和"的目标。中国提出全球发展倡议，倡导构建人与自然生命共同体。本项目重点打造人与环境紧密联系的园区绿地空间，从设计理念到施工技术都坚持生态优先、绿色发展的可持续理念，以应对全球环境和气候危机的挑战。设计项目延伸绿色基础设施，使人与自然共同生长，加强园区的生态环境保护、产业结构优化，创造园区绿色美好生活。在单位附属绿地的风景园林绿地规划中，本项目设计贯彻新发展理念，传承了在地文化，是当下精神场景与文化自信的演绎。打造创新发展的示范园区，在全面深化改革的大棋局中，是建设绿色低碳的社会主义现代化新园区的必由之路。

【案例研究】

项目五　公园绿地规划设计

一、项目简介

项目名称：南通中央公园

项目地址：南通市桃园路

景观面积：24000 m²

设计单位：一宇设计

设计时间：2019 年

竣工时间：2021 年

摄影版权：一宇设计

项目背景：南通中央公园是一个位于南通中心商务区的城市更新项目。先前的公园包含一个中轴步道，一个大型的线性喷泉，中轴两侧装饰性的雕塑。在改造之前，此公园缺乏有效作为城市活动的空间，加上不易维护及高营运成本的景观设施，使得公园使用率低下；中心的线性喷泉因为营运成本过高而关闭多年；两侧的绿带因为初期种植过密和缺乏长期的维护，从而变成了一个杂乱、阴暗、有潜在安全风险的城市死角。

基于新的城市发展要求和公众对公共空间的新需求，原有的中央公园于 2018 年开始重新设计。新的公园于 2020 年改建完成并于 2021 年重新开放。（图 7-53）

二、项目规划设计理念

公园的规划基于对中心商业区、周边邻里及访客的研究。整体架构包含大草坪（图 7-54）、市集及邻里花园、游戏场及银发族乐活空间。两个连接地下商业街的下沉广场，以鲜明的红色玻璃扶手引导上下层人流及入口意象。

设计方提出了"人为风景，活动为地标"的概念。新公园包含四个主要区域：一个中心活动草坪、一个艺术地形演艺公园、步道两侧可互动座椅区以及一个儿童游戏场。公园成为城市之窗、活动之廊，人与社交参与成为项目的基石。设计提案用具功能性及清晰性的空间，来替换闲置与装饰的元素。如原本失去功能的中心水景，化身为多功能的开放草坪；两侧原本的装饰性雕塑，被互动可坐可玩的座椅置换。（图 7-55）

此外，原本的公园设计由于偏重表面的装饰和宏伟性，忽视人的功能与参与，只有极少的座位及活动空间，使用者很难在公园里停留。公园变成一个仅仅是"看"的公园，而不是一个能停留、交流互动的场所。

设计方积极探索公园的可能性并挖掘城市地标景观的新潜力。由于此场地周围人口密集，随着周边商场、办公大楼和酒店的分布，故此公园极具成为 CBD 区域完美的中心开放空间潜力，多样的城市活动也都可能在这片土地发生。（图 7-56）

三、项目解析

1.迁移场地现有的树木，削减两侧过度密集的绿化带

随着密度的调整，原本密不透风的公园重新向街

图 7-53 南通中央公园整体概览

图 7-54 公园大草坪

图 7-55 人为风景，活动为地标

图 7-56 艺术地景公园

图 7-57 艺术地形上的小花平台

图 7-58 多功能开放草坪

图 7-59 多功能弹性的城市开放空间

图 7-60 保留的大树与休憩空间结合

图 7-61 多功能休闲区域

道开放，公园景色一览无余，原本的城市死角的隐患也随之消失。新的中央公园将原有公园变身为一个充满艺术性、互动性及多功能性的城市开放空间。艺术地形上的小花平台，提供了一个观景台，亦可作为周末小型音乐表演艺术家的舞台。（图 7-57）

2. 倡导低成本建造和低维护的策略

利用挖方和填方的平衡雕塑地形，减少外运土方成本及耗能。原本维护成本昂贵的线性水景被易维护的多功能开放草坪取代，以作为举办艺术活动、音乐会和周末市集的场地。（图 7-58）

新的中央公园在设计上融入绿色元素启发灵感，既满足了用户的功能需求，又为造访者创造了乐趣。这个公园为人们提供了一个休憩、休闲的场所，更是一个有新意且等待发掘的空间。这些源源不断的新意，将来自人群，来自城市生活方式所赋予的活力。（图 7-59）

3. 创造出一个没有明确边界的开放式平面架构

在活动草坪和艺术地形上可以举办大型音乐节，而两侧的座椅则在此时可以转变成为观众席。该公园在设计上运用了现状树的优势，在树下设置充满玩心和互动性的座椅及休息区，给予了使用者自由发挥创意使用的空间。（图 7-60、图 7-61）

艺术地景公园如梦般充满艺术性及互动性。未来的活动与人，将成为这座城市的新地标。区域与区域之间的视野和活动得以联通及延展。例如，地景公园可以连接到孩子们奔跑跳跃的游戏场，作为游戏的延伸。

【项目思政】

国家"十四五"规划提出"实施城市更新行动",城市是伴随人类社会发展不断演变的生命体,城市更新是城市发展的永续过程。城市发展过程中的"新陈代谢"通过科学规划、合理布局进行演绎,形成城市的文脉印记。本案在城市公园景观设计中,转变公园景观环境的发展方式,按照资源环境承载力合理确定公园的规模和空间结构,统筹安排公园建设、旅游发展、生态保护、基础设施和公共服务等内容,为城市公园环境和经济发展注入了新的活力,充分满足市民对美好生活的需求。风景园林专业应该积极探索具有中国特色的城市更新之路,实现经济、社会、生态、人文等效益融合,打造更具韧性的幸福城市、活力城市、平安城市、智慧城市。

【案例研究】

项目六　风景区绿地规划设计

一、项目简介

项目名称:紫山风景区规划及核心区景观设计

项目地址:河北省邯郸市紫山

规划面积:1.20 km²

设计公司:中国美术学院风景建筑设计研究总院有限公司

委托单位:邯郸市丛台区紫山核心景区建设办公室

设计时间:2015 年

竣工时间:2018 年

项目背景:紫山也称紫金山,位于河北省邯郸市西北部,系太行山余脉,距市内 15 km,面积约 20 km²,主峰海拔 498.4 m,亦称邯郸第一山。紫山紧邻主城区,自然风光秀美,历史文化悠久,区位交通便利,具有建设世界旅游地的得天独厚的优势。景区与市域范围内现有赵文化景观、红色文化景观、梦文化景观等旅游景点,已成为名副其实的"文化大观园、时尚休闲地"。核心区规划主要以生态环境修复、历史景点修复、户外健身、马氏文化为主要内容,优先发展紫山核心生态休闲区块,使其成为紫山景区吸引投资商与游客的重要景观区域。

二、项目规划设计理念

紫山灵境风景名胜区规划由中国工程院院士孟兆祯牵头编制,以"天人合一"为设计理念,处处强调人与自然和谐发展,定位准确,立意高远,匠心独运,意境优美。根据景区地域特征和山水性情,相地造园、因境选景,力求重塑紫山良好生态环境,打造一个具有中国特色和邯郸风格的风景名胜区。景区总规划面积约 35.5 km²,该项目重点研究的是总面积 4.86 km² 的核心区修建详细规划(图 7-62)。

紫山灵境位于邯郸市西北部,是一个具有中国特色和邯郸风格的风景名胜区,以"承前启后,与时俱进"为目标。该项目的建设依据是紫山的历史文化渊源、现今的发展和将来的前景、用地的定位和定性。

紫山灵境的区位优势在于相距市中心较近,对于邯郸市来说在近郊有此一片境域作为风景名胜区大有益处,便捷的交通条件及富有变化的地形地貌条件、丰富的文化蕴含为规划设计奠定了良好的内容基础。

紫山灵境风景区的建筑布局,遵循总体规划提出的化整为零、集零为整,相地构园、因境选型的理法,强调因山构室,选择相应的建筑与地形协调、配合,力求建筑与山水相辅相成,达到建筑因山水而立,山水得建筑而立的造景效果。(图 7-63、图 7-64)

图 7-62　紫山景区景点分布示意图

图 7-63 现状照片

图 7-64 紫云湖中心区鸟瞰图

三、项目解析

1.项目定位

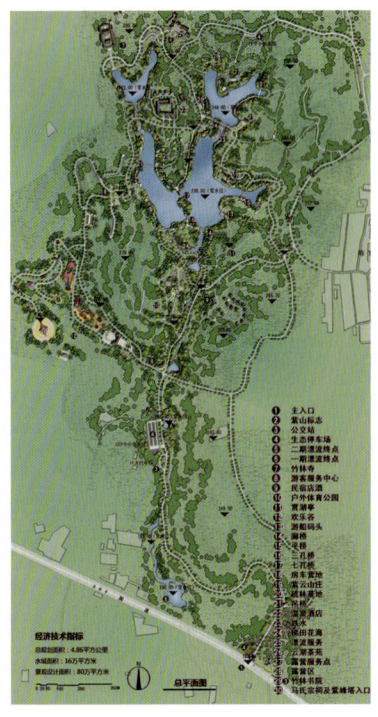

以自然生态修复为主的为市民提供休闲、养生和科普教育等自然生态公园。整个场地优势为地形比较丰富，历史文化资源悠久，周围交通便利，马氏宗祠和紫枫峰塔已部分开发。劣势为曾经的采煤场、采石场的无序开发，导致自然生态环境遭到严重破坏，红石裸露，土地贫瘠，水源奇缺，极易造成山体滑坡与泥石流，绿化覆盖率差，水土流失严重。（图7-65、图7-66）

图 7-65 总平面图

图 7-66 整体鸟瞰图

2. 总体设计思路

运用景观造景的设计手法对紫山进行科学的生态修复治理，从而实现恢复紫山"清泉石上流"的自然生态系统等目的，以及为市民提供一处集休闲、养生和科普教育等于一体的多功能山地生态公园，带动整个紫山的人气。具体设计思路如下：

（1）水——理水引流

基于前期对场地地形以及降雨量的分析，起伏变化的山地形成了多条山谷，在7、8月份降雨季，雨水易形成丰富的地表径流，主脉由各支脉汇集流经于南北向的大山谷。根据地表径流及汇水面积的分析结果，北面各汇水支脉可通过碎石垒砌形成山涧叠石而落，中央山谷地稍加地形调整可形成开阔的大湖面，而南面由于地形高差较大可形成瀑流深潭，最终以涓涓溪流排出场地。

整个设计在充分尊重契合场地气场的基础上，稍加人工处理，便形成了以"涧—湖—潭—溪"的旷奥有度的山水体验。（图7-67、图7-68）

（2）地形——地形微调

本项目在充分尊重原山地地形，以及理水引流的分析基础上，为在山谷地中形成更为开阔的湖面适度对山体进行填挖调整。由于山谷地中部西坡坡度较缓，地形调整的空间较大，可以形成更为开阔的下湖湖面；山谷北面分支处坡面同样较缓，稍经挖方固坡并结合山涧支流可形成幽深的上湖湖面；场地最南面坡面顺势适量挖方可形成入口服务区域。

（3）生态——生态修复

根据前期场地植被现状分析，可通过如下策略修复、构建生境。

垂直方向上穿插强化乔木、灌木、地被草本的层次性；以乡土树种优先，耐寒耐贫瘠树种为主，结合场地现有侧柏、火炬树等人工林，加强培育杨、柳、槐、椿、泡桐等干旱耐盐碱植物；采用人工滴灌技术，提高植被成活率。

3. 总体设计方案

整个项目主要分为两个区域：主入口和紫云湖区域。主入口根据现状地形，通过堆土叠石及分层做梯田花海，营造紫山入口自然、生态和大气的形象。靠入口东侧邯郸市区方向沿309国道设置公交站点，主入口进去两侧设置生态林荫停车场。（图7-69至图7-71）

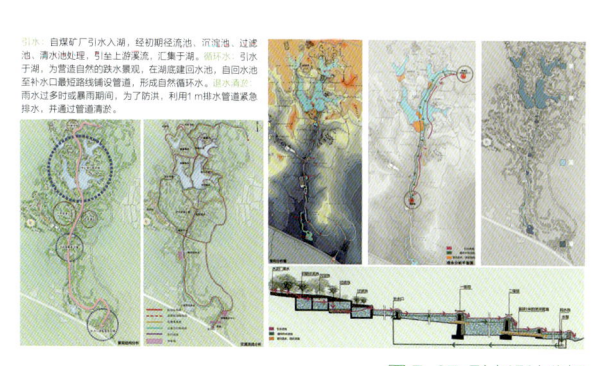

图7-67 引水设计分析

图7-68 紫云湖中心区实景图

图7-69 紫云湖中心区实景鸟瞰图

图 7-70 紫云湖中心区效果图

图 7-71 紫云湖细节实景图

（1）水流设计

紫云湖被两座生态截水坝划分上下湖两部分，利用水位高差设计漂流道和梯田花海。三孔和五孔桥横跨湖面，坝上设置桥廊，沿湖设计游船码头、茶室、露营地、漂流中心、山地自行车俱乐部和户外拓展中心等，在湖周围山顶制高点设计观景亭。（图7-72）

（2）交通设计

整个紫山交通分为外围车行和内部慢行系统，打造安全出行。所有车辆控制在核心保护区外围集中停车场，内部交通主要靠电瓶车和租赁山地自行车或者步行。

（3）绿化设计

以乡土树种为主。考虑到北区土地贫瘠，因此选择耐干旱耐贫瘠、易于管理养护的树种。整个紫山树种以常绿为主，落叶为辅，从而达到季相分明、四季

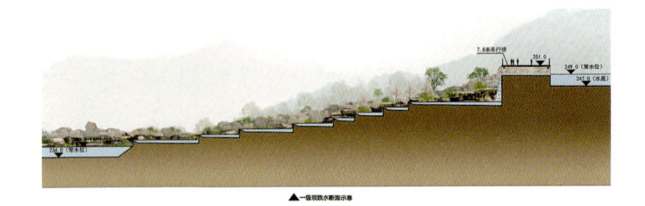

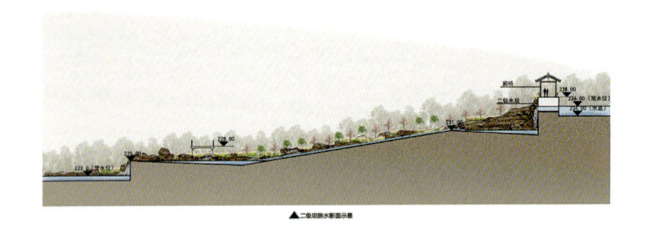

图 7-72 紫云湖中心坝体断面分析

有花的效果。紫山灵境风景区以治山为手段，结合风景林建设，对植物群落进行恢复，根据阴阳坡生境不同，坚持因地制宜、适地适树的原则，建设主题植物景观与专类植物园。（图 7-73、图 7-74）

图 7-73 植物季相分明

图 7-74 主题植物景观

（4）就地取材

紫山灵境风景区秉承就地取材的原则，采用石材干砌之法进行建筑设计，其整体风格呈现出粗犷简朴的北方之美，同时其规划布局充分尊重场地原有地貌，也体现了因地制宜的山水自然美。

【项目思政】

孟兆祯，出生于湖北武汉，风景园林规划与设计教育家，中国工程院院士，北京林业大学教授、博士生导师。孟兆祯先生曾先后担任中国风景园林学会副理事长、名誉理事长、中国风景园林学会专家委员会主任等职务，是首届"中国风景园林学会终身成就奖"获得者。

孟兆祯先生为新中国培养的第一代风景园林人，为风景园林学科和行业的发展做出了重要贡献。孟兆祯毕生从事风景园林规划与设计领域的教学科研工作，致力于继承和发展中国园林的民族传统，在研究实践中博采众长，总结继承了中国传统园林之精髓。孟兆祯先生学养深厚，造诣精深，是风景园林学界泰斗，一生精益求精、严谨求实；是传承中国园林文化精神的集大成者，继承传统、开拓创新。本项目巧妙地与山水生态环境建设相结合，体现"天人合一"思想的基本理论和实践方向。

【实践探索】

基于"城市更新"的绿地规划设计案例探索

一、任务提出

以"城市更新"为根本出发点，通过相关案例分析探索人民日益增长的美好生活需要，从设计师的视角思考如何推动城市建设的高质量发展。

二、任务分析

2020年，"城市更新"首次写入政府工作报告，列入国家"十四五"规划纲要。全国范围内城市更新项目孕育而生，它是有别于"旧城改造"的新举措，众多城市更新项目，都诠释了新中国城市建设与生态保护之间的辩证关系，反映了当代城市的人文底蕴及精神追求。

三、任务实践

对项目进行案例分析，完成PPT制作汇报，掌握如下分析要点：

1. 了解项目设计师的故事。
2. 分析项目的设计思想。
3. 概括项目的设计内容。
4. 归纳项目所用的设计手法。
5. 提炼项目设计亮点、创新点。
6. 提出自己的见解。

四、任务评价

1. 案例分析内容完整，语言表达流利，描述准确。

2. 设计思想分析价值取向正确，对案例有独特的见解，能形成自己的观点。

3. 能对同类案例进行对比研究，参考文献丰富，有城市调研过程。

4. 从设计师的故事里挖掘出科学精神、人文素养。

5. 有创造思维、辩证思维。

【知识拓展】

三亚红树林生态公园

设计以红树根系理念恢复湿地系统，建立适宜红树林生长的生境。项目遵循自然风水的生态过程，利用红树林混交林岛来加快红树林修复，塑造出既美丽又生态的景观。采用人工种植与自然演替相结合的种植方式，健康稳固地恢复红树林。划分区域，分级保育，在红树林保护区与可开发区域形成鲜明的空间界定。建立慢行游憩系统，在自然基底之上引入休闲功能，从而建立起以红树林保护为核心的集生态涵养、科普教育、休闲游憩于一体的红树林生态科普乐园。设计通过修复红树林生态系统，给其他的城市修补和生态修复项目提供参考。

模块八

乡村风景园林绿地规划案例探索

项目一　村镇广场绿地规划设计
项目二　村镇公园绿地规划设计
项目三　乡村风貌提升绿地规划设计
项目四　村镇人居环境绿地规划设计
项目五　乡村旅游景观绿地规划设计
项目六　传统村落绿地规划设计

模块八　乡村风景园林绿地规划案例探索

【模块简介】

中华农耕文明历经几千年的沉淀，独特的根源性特质以及所蕴含的中国传统文化价值理念，滋养了中国人的精神世界，哺育了中华文明持续的进步与繁荣。

本模块内容从乡村风景园林绿地规划设计案例入手，结合乡村特殊发展规律进行详细的探讨和分析，包括：项目简介、项目规划设计理念和项目解析。从美丽乡村建设发展中提炼项目思政元素，围绕乡村振兴发展战略，着重剖析村镇广场、村镇公园、乡村风貌提升、村镇人居环境、乡村旅游、传统村落等绿地规划设计。在实践环节中，针对乡村绿地规划设计优秀案例，关注案例的生态价值、人文价值和社会价值，反映理性思维、感性思维、辩证思维、发散思维、创新思维和逻辑思维的综合表现。

探索中国一座座美丽乡村的魅力所在，感受人类文明的发祥地。秀美山水与乡村绿地之间记录着一个个特有的"文化基因"，有待我们去发现，去保护，去传承……

【知识目标】

掌握乡村风景园林绿地规划案例分析的基本思路和方法，理解案例的项目规划设计理念和设计要点，吸收美丽中国乡村绿地规划的优秀案例精髓。

【能力目标】

完成乡村风景园林绿地规划案例分析，能够准确分析案例的项目要点，理解规划设计思想；结合乡土社会发展提出见解，总结设计亮点，并能够与同类案例进行对比分析；锤炼风景园林绿地规划案例表达、评价能力和高阶思维。

【思政目标】

项目案例分析遵循乡村振兴发展理念，增强农耕文明底蕴，体现中华民族传统文化，促进文化自信与传承，弘扬社会主义核心价值观，提炼在乡村风景园林绿地规划中发现、感知、欣赏、评价美的重要育人作用，践行"两山"理念，培养科学精神和大国"三农"情怀。

【案例研究】

项目一　村镇广场绿地规划设计

一、项目简介

项目名称：我们的广场

项目地址：成都彭州市军乐镇银定村

建筑面积：3000 m²

业主单位：彭州市军乐镇人民政府

设计单位：上海麦稞文化创意有限公司

项目时间：2019年4月—2019年12月

主创及设计团队：边皓宁、吴计瑜、吴伟、樊轩妤、董晚璐、忻凯

摄影版权：上海麦稞文化创意有限公司

项目背景：项目位于四川成都彭州市军乐镇银定村，银定村地处军乐镇的南部，与天彭镇接壤，距彭州市区约3 km。全村有12个农业合作社，总人数1868人，总户数682户，耕地面积约0.933 km²。（图8-1、图8-2）。

二、项目规划设计理念

该项目是一次基于公众性参与的村镇场所设计实践，改变了传统的村镇广场建设，让周边使用人群参与到社区广场的建设中来，大家共同参与的广场设计，也因此营造出一个具有魅力的广场设计。（图8-3）

该项目在设计理念上采用植入中国传统纹样——方胜纹，作为场地的主设计结构，将方胜纹与场地相结合，形成一根形似"我"字的750 m步道贯穿整个场地，将传统文化的形式与场地环境结合，代表了设计方美好的寓意（图8-4）。此外，设计方将这个符号被延伸到休憩游玩等景观构筑物小品中，比如广场路口的"方胜纹"装置就是一个很好与场地设计想法契合的入口标志。（图8-5）

图 8-1 改造前

图 8-2 项目改造后

图 8-3 广场鸟瞰全景

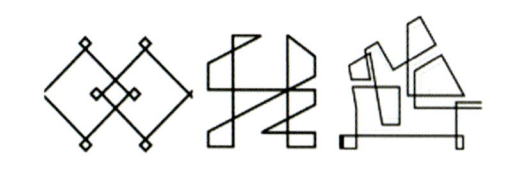

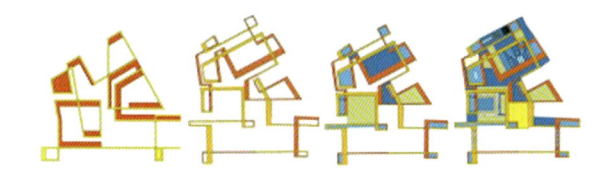

图 8-4 "方胜纹"场地演变生成图

三、项目解析

"我们的广场"是一个儿童引领并满足全年龄使用的复合型场所。该项目在整体设计上采用艺术色彩与空间形式融合的方式，将运动、休闲、娱乐、展示等多种功能叠加组合，以满足不同人群使用。其复合型新场所设计主要体现在以下几个方面：

1.功能分区

整个场地一共设置了绿色冒险区、小剧场、运动场、趣味互动场、儿童游乐区五个区域，场地设计了18种以上的游玩方式，一进入场地便可以来一次撒欢式的游玩"探索"。游玩方式是开放而不受限制的，富有想象力的孩子们和使用者们完全可以自己去创造"我们"的玩法。（图 8-6）

图 8-5 广场入口的"方胜纹"装置

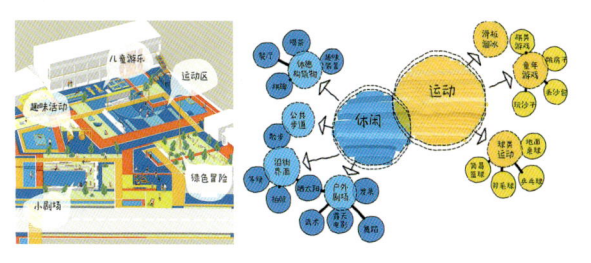

图 8-6 功能分区图

功能区绿色冒险区融入了欧洲的运动教育学理念，设计的冒险路线从易到难，孩子们可以循序渐进地挑战和提升自己的平衡、跳跃、攀爬能力，并在中部到达主攀爬架。同时设计方考虑到低龄孩子的使用和监护需求，在平衡木器械周围预留了60 cm的空间，方便家长提供协助。

2.小剧场设计

小剧场是一个集视听休闲为一体的复合型功能剧场，为附近居民提供跳广场舞、打太极及看露天电影的场所（图8-7）。在特别的日子，村里还可以在这举办小型展览、组织武术表演、乐队演出等活动。

3.趣味互动场地

趣味互动场地集合了各种创意游戏，从单一的运动场地到复合式的运动空间，整个场地以一种新的形式设计，具体包括圆筒乒乓球、地面桌球、彩绘攀爬墙，多种运动形式的叠加，使整个空间都充满了乐趣（图8-8至图8-10）。此外，在户外运动区域设计方考虑到了休憩空间，利用围墙处的消极空间，布置成一个极限运动场，最大化利用了场地空间（图8-11、图8-12）。

图8-7 小剧场鸟瞰

图8-8 集合创意游戏的趣味互动场地

图8-9 圆筒乒乓球

图8-10 篮球场和羽毛球场叠加合并

图8-11 运动区旁的休憩区

图8-12 围墙处消极空间布置成极限运动场

4.施工维护与参与

项目从前期调研到设计构思再到施工配合的整个过程都用心制作，参照了国内以及全球最前沿的设计标准，场所安全设计满足了国内《小型游乐设施安全规范》。设计案例在满足适用人群需求下，考虑了整体的建造成本及场地使用的维护成本，进行复合型场所设计，以此最大限度地减少资源投入，减少原材料和生产能源的使用量，获取高效的土地使用价值。具体体现为场地上尽可能保留原有绿地板块，减少土方工程量，以此降低建造成本。在维护和材料考虑上，尽可能使用对维护要求低的材料。地面采用沥青材料，施工快速，耐磨性好；坐凳采用防腐木，安装简单，就算遇到熊孩子也不易损坏；防护坑采用树皮木屑替代沙子填充，游玩时不会进到鞋子里，同时不会磨花游乐设施的面漆。设计方始终将使用者及参与者的需求放在第一位。在广场提议整修之初，邀请不同年龄层、不同职业背景的村民们，与设计师共同讨论一种新的理想广场模式。

【项目思政】

中华优秀传统文化是中华民族的根和魂，是中国特色社会主义植根的文化沃土。习近平总书记高度重视中华优秀传统文化。并指出："中华优秀传统文化是中华文明的智慧结晶和精华所在，是中华民族的根和魂，是我们在世界文化激荡中站稳脚跟的根基。"实现中华民族伟大复兴，必须结合新的时代条件传承和弘扬中华优秀传统文化。

传承和弘扬中华优秀传统文化，要认真汲取其中的思想精华和道德精髓。本项目采用"方胜纹"作为场地的主体结构设计，是中华文化的传承和发扬。"方胜纹"是汉族传统寓意纹样，结构交织紧扣，又称"同心方胜"，象征心连心的忠贞情谊，还有同心同德、同舟共济的寓意。传统的"方胜纹"样，象征了连环往复的前进道路，也表征了同心协力的时代精神。

【案例研究】

项目二 村镇公园绿地规划设计

一、项目简介

项目名称：慈溪市桥头镇吴山公园规划设计

项目地址：宁波市慈溪市桥头镇吴山南路

占地面积：40 hm²

项目背景：场地设计之前为村集体拥有，总面积约40 hm²。主要建筑有镇自来水厂废弃的贮水池、管理房及拆除后管线基础。土质以壤土为主，以黑松、栎树、构树、毛竹林与小叶朴等天然植被。山脚下多年未加整修，乱石、杂草丛生，高低不平，只有一条上山小路通向山顶。山东侧有一水泥台阶路，通向山顶管理房。山高约42.95 m，四周皆为平地、农田、村庄，方圆几千米皆无山迹，独有此山，因此较为醒目。

二、项目规划设计理念

公园整体规划设计遵循以人为本、生态规划的园林理念，提出"小中见大，以人为本，生态为主，因地造景"的设计理念，整体定位于休憩性游园，营造景美林幽的村镇公园，为当地居民、学生及外来务工人员等多群体提供了游憩娱乐场地。

公园整体设计依据山体主要分为两部分改造。上部以利用改造为主，下部为新建景观，以自然式布局为原则，充分体现实用、经济，美观的园林设计理念，因地制宜，达到以小见大的效果。

1.功能性，以人为本

满足公园功能要求，满足服务对象的要求，充分考虑现有地形较陡、坡度较大的地势，因地制宜，创造既具有特色又适应需要的园林景观。

2.实用性

项目自身投资决定设计的内涵深度，如何在有限的投资下创造精美的景观，就必须对建筑小品正确选址，土方就地平衡。应充分利用现有资源，宜林则林，宜草则草，巧于因借，节约投资，达到事半功倍的效果。

3.特色性

即项目自身的园林艺术性,其核心是创造性,通过独特的设计,创造特色的景观,提升公园的观赏价值。美观的要求也即"相地合宜,构园得体",建筑小品格式相宜,方向相宜,得体合宜。整体布局从"因"出发,达到"宜"的艺术效果。

三、项目解析

吴山公园规划从山脚到山顶高约42.95 m,整个园区依地形与自然高度变化分成三大块,数个子功能区。第1块区域面积约8 000 m²,有主入口景石、花坛、山麓草坪休息区、紫藤花架等。第2块区域面积约5 000 m²,主要有与蘑菇亭结合的观景平台,有桥头镇旅美华人余恩麟博士亲笔书写碑文的重檐青石六角亭及竹林幽径。第3块区域面积约7 000 m²,主要有3个既相互独立又相互联络的休憩、健身空间和管理房屋。

1.主入口功能区

整个园区重点景观区域,也是绿化量最大的区域。主入口与山道台阶,由于距离较近,故设置花坛、景石、上书吴山公园,既是全园标志性景观,又是登山路口的障景。(图8-13)

以主入口道路推进,两翼道路展开,三道并进,既相互独立为次入口区域,又相互呼应,分合自如。东侧半圆形紫藤花架、圆形铺装,西侧方形广场、卵石园路,疏林草坪,富于变化,又保持构园均衡。(图8-14)

山麓草坪休息区,依空间大小,结合地形起伏,设置4块各具特色的休憩草坪区,设计手法上为开放、半封闭、封闭空间等,适合不同年龄不同层次人群需要,植物配置也各具特色,春花烂漫,夏日浓荫,秋叶尽染,傲雪松梅,尽显四时之景。

2.观赏亭台区

左侧较低处为有旅美华人余恩麟博士亲笔书写碑文的重檐青石六角亭,亭顶的青石板上刻着花鸟走兽,亭名"余家乐",含义深刻,寓意长远。亭子两侧楹联的题字也尽显满腔爱国爱家乡的赤子情怀。(图8-15、图8-16)

六角亭作为整个公园核心的人文景观,背依青山,竹林掩映,深厚凝重。四周遍植红枫、桂花、花叶蔓长春花、南

图8-13 主入口景观

图8-14 半圆形花架

图8-15 亭顶青石板上雕刻的花鸟走兽

图8-16 六角亭

天竹等。右侧较高处为一体态轻盈，色泽鲜明的蘑菇亭，居半山之巅，崖石之上，是登高远眺的平台。（图8-17）

四周种植杨梅、红花继木、蜡梅、黄馨等。二者以曲折变化，若隐若现的台阶道路连接，一高一低、一大一小、一灵巧一凝重、一俯视一远眺，上下呼应顾盼生姿，构成全园的主观点。

3. 山顶休憩健身平台

利用原水厂贮水池及附属设施加固改造，宜留则留，宜拆则拆。通过本身地形，重新修整，成为上中下三层自成风格，又密切相连的3个健身休息场所，整个区域被竹林围绕，林荫覆盖，是夏季纳凉避暑的好去处。通过青石栏杆、石凳石桌、文化石贴壁、花岗岩铺装，辅以少量铁树、樱花、红枫等典雅花木，整体设计简洁开阔，大方得体，融于周围自然环境之中。（图8-18）

4. 道路系统通畅

道路采取之字形设计，减少坡度丰富游览路线，增加景观变化；同时设计一条无障碍通道，以便特殊人群需要，可达到六角亭平台。道路总长度约845 m，宽度设计为主干道1.8 m—2.0 m，次干道1.2 m—1.5 m。道路施工与地形地势结合，顺势辟路、宜缓则缓、宜急则急、顺地形而起伏、顺地势而曲折、舒缓与陡急，相辅相成。两条道路一主一次、一宽一窄、一陡一缓、一明一暗相互联络，分合自如，虚实变化，丰富园区景观。（图8-19）

5. 植物种植设计

设计之初，就向镇政府建议，保留保护好毛竹林与山上的自然生长不多的乔灌木，以免规划、施工期间被村民乱砍滥伐，可惜尚有多株树木、竹林被砍掉。（图8-20）

植物配置重点突出四季特色，春景取其艳美，群植海棠、晚樱、红叶李等满树开花的树木。夏季取其幽美，林茂径深；秋季取其壮美，山坡片植鸡爪槭、红枫、马褂木等秋叶树木；冬季取其趣美，小径尽头，转角石旁，蜡梅之花，嗅其香。

图8-17 半山之巅的"余家乐"

图8-18 半山上的风光

图8-19 主要道路

图8-20 毛竹林

植物造景根据地形平缓、起伏，突出主景，合理布置，以道路分割空间，既自成区块景观，又衔接过渡自然。除了山下与公路相接的平地为规则式种植外，其余全部自然布局。在保留原有大片竹林作为全园基调背景前提下，树种选择主要考虑乡土树种，体现地域特色和乡土风貌。选用对当地土壤、气候适应性强，有地方特色的树种。

【项目思政】

中共中央连续出台了关于"三农"工作的中央"一号文件"，充分体现了对"三农"问题的高度重视。建设社会主义新农村是我国现代化进程的重大历史任务，也是破解"三农"问题的重要抓手。建设美丽乡村是社会主义新农村建设的一个有效载体。本项目秉承"以小见大、因地制宜"的设计原则，合理布局，为新农村建设服务。中国乡土社会环境里饱含了爱国爱乡的赤子情怀，人与自然的生态智慧，"美丽乡村"建设是建设"美丽中国"、实现中国梦的基石，也是新时代园林人、风景园林人的责任与使命。

【案例研究】

项目三　乡村风貌提升绿地规划设计

一、项目简介

项目名称：河南修武县宰湾村空间提升

项目地点：河南省焦作市修武县七贤镇

业主单位：修武县七贤镇人民政府

建筑及景观设计：三文建筑

合作单位：北京华巨建筑规划设计院有限公司，北京鸿尚国际设计有限公司

设计时间：2020年11月—2021年1月

完成时间：2021年5月

摄影版权：金伟琦、何崴

项目背景：宰湾村位于河南省焦作市修武县方庄镇，地处方庄镇北3 km，云台大道从村中纵行穿过。北距世界地质公园云台山5 km，也是晋煤外运的交通枢纽。该村分2个自然村，有128户，共608口人，耕地约0.413 km²。2021年9月，被中央农村工作领导小组办公室、农业农村部、中央宣传部、民政部、司法部、国家乡村振兴局表彰为"第二批全国乡村治理示范乡村"。（图8-21）

该项目由三文建筑主导设计，是一个普通的典型平原村。从普通乡村到民居活态博物馆的介入，该项目在保留原有乡村风貌下，利用村庄公共活动空间做景观更新设计，为普通乡村提供了一个空间提升样本。

图 8-21　宰湾村鸟瞰

二、项目规划设计理念

1. 点—线—面的结构

项目整体规划设计思路以点—线—面的结构贯穿场地，具体设计分为以下几个步骤。（图8-22至图8-24）

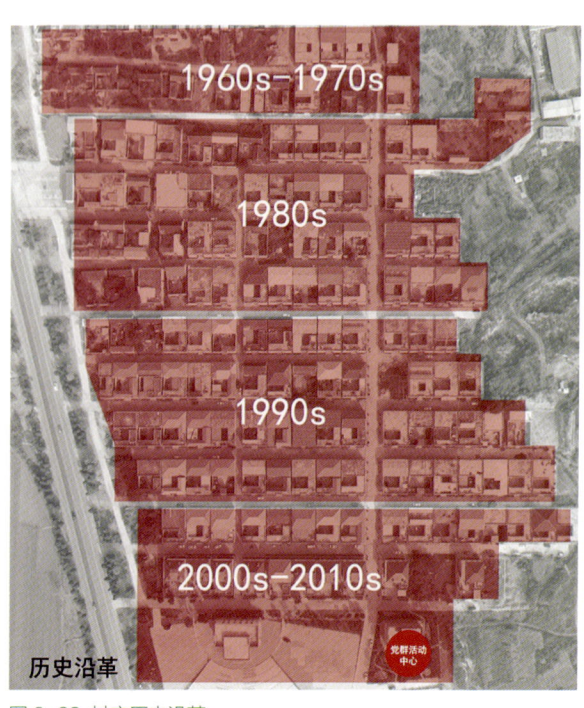

图 8-22　村庄历史沿革

图 8-23 空间结构

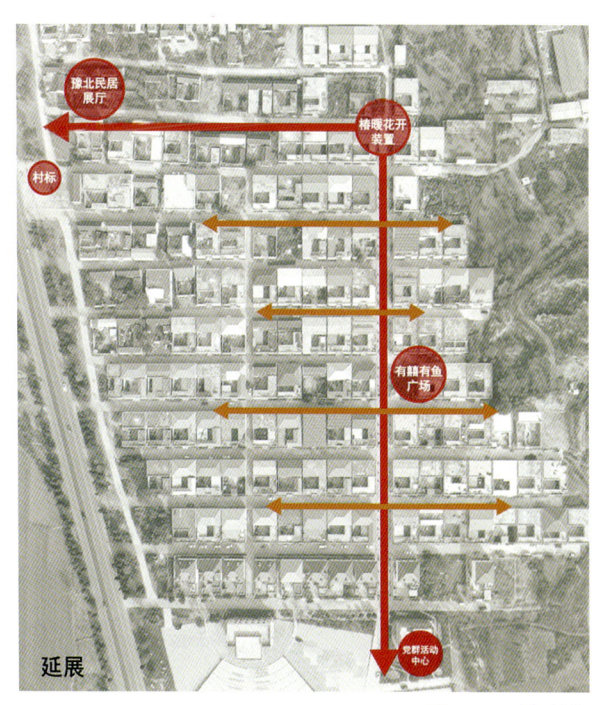

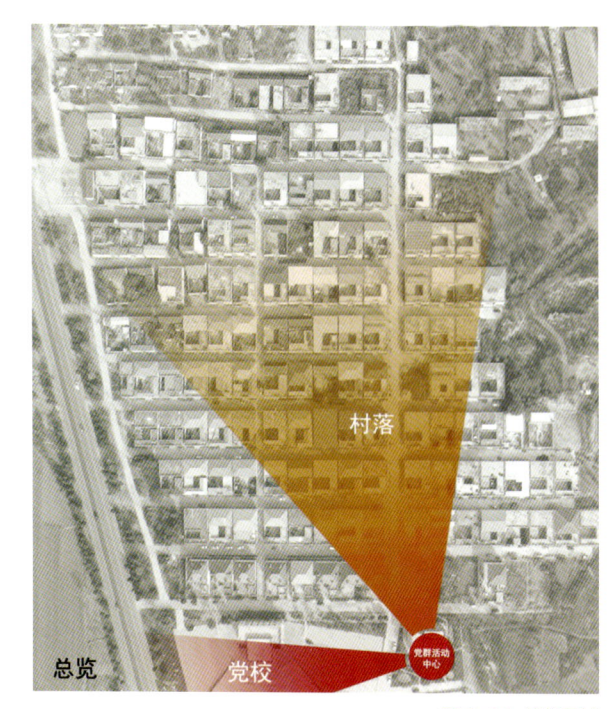

图 8-24 总览区域

图 8-25 主街景观总平面图

2. 丰富生动的公共空间

项目最大化保留村庄肌理面貌，以改造的活态博物馆形成一个基本面，然后对环境卫生、村庄道路、房前屋后、村庄照明等进行整体提升，为村民提供更生动有趣的公共活动空间，同时打造出村庄的精品路线和空间节点。

同时将叙事性景观和公共艺术介入公共空间，用公共艺术和景观手段提升空间品质，并着重叙事性表达。新设计的景观和公共艺术带有强烈的叙事性，为阅读这个特殊的博物馆提供了线索，具体分为：路面、墙面、装置、街道家具四类。（图 8-25）

三、项目解析

项目以一条"时间轴线"把宰湾村近 40 年的建设行为串联起来，将公共空间所涉及的路面、墙面等位置进行艺术化处理，增加街道家具和游戏装置，大大提升了村民公共生活的趣味与品质。

在村里环境整体提升的前提下，设计方也在重要位置设置了节点。这些空间节点也是未来宰湾村公共活动的主要载体，包括豫北民居展厅、村标、卫生院立面改造、"椿暖花开"艺术装置、"有囍有鱼"广场等。它们与村庄南段村委会形成一个节点序列。

1. 主街改造设计

项目首先对村庄基础设施进行了提升：将道路水泥路面改为沥青路面，色调白改黑；增加绿化；弱电入地，用光伏路灯替换原有路灯；治理裸房墙面；下水管道疏通、隐藏等。此外，将主街路面及墙面进行艺术化处理，增加街道和户外设施景观，极大增加了街道的丰富多彩与活力。（图 8-26 至图 8-29）

另外，叙事性介入到街道空间，将导识标志等融入场地，形成了一条会讲故事、有场地记忆的主街道，大大地为村里的孩子们增加了乐趣。（图 8-30、图 8-31）

图 8-26 村庄主街设计

图 8-27 主街路面地绘和街道家具

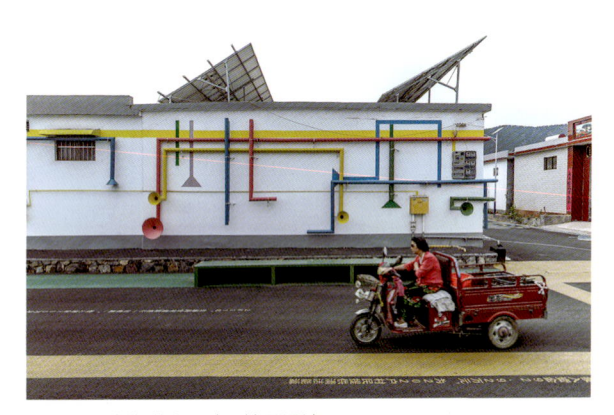

图 8-28 主街道路设计及墙面设计

图 8-29 主街户外设施景观

图 8-30 导视标志与叙事性空间

图 8-31 街巷路面上的迷宫图案

2.村标设计

村标位于宰湾村西侧，卫生院和豫北民居展厅之间，从国道上可以看到。设计方将村标设计成一组高低不等的柱状体，它代表宰湾村的发展蒸蒸日上，节节攀升。在柱体上是村庄大事记，如建村、建校等重要时刻。村标上记录了村庄发展的重要节点。（图8-32）

图 8-32 村子入口景观

3. 豫北民居展厅设计

豫北民居展厅由两个院落改造而成，设计方将院落打通，保留了场地中的三栋老建筑，作为60年代民居的代表。在此基础上，重新梳理流线，增加新建筑、入口玄关、连廊和户外休憩空间。豫北民居作为过去传统文化的一个标志，其建筑空间内部也是按照传统的景观空间布局进行改造设计。（图8-33至图8-35）

图8-33 豫北民居展厅生成图：保留－新建－串联

图8-34 豫北民居展厅鸟瞰

4."椿暖花开"艺术装置

"椿暖花开"是一个景观性的艺术装置，依托村庄原有的一棵椿树创作完成。椿树位于规划的"L"形精品线路拐弯处，是南北主路景观的起点。装置的含义代表了改革开放的开始，春归大地，万物复苏。同时，此空间也成为村庄里重要的一个公开空间活动点。（图8-36、图8-37）

5."有囍有鱼"广场

"有囍有鱼"广场，位于主街中部，原本是一个变电站，场地原是集体用地，村民在此处种菜。菜

图8-35 豫北民居展厅院落

图8-36 大树艺术装置

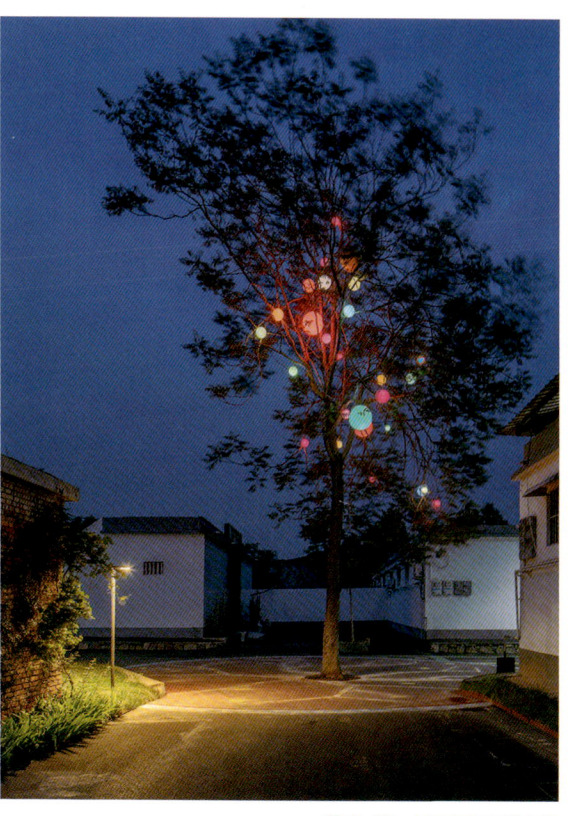

图8-37 大树艺术装置夜景

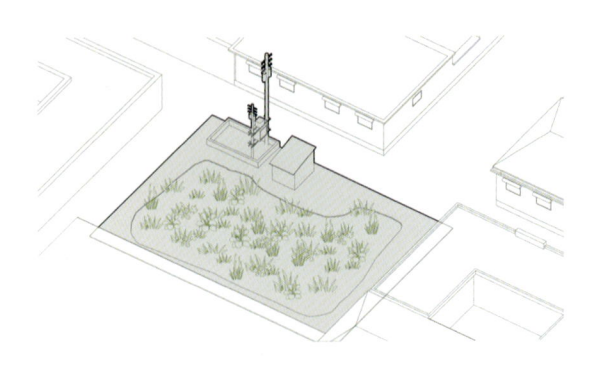

图 8-38 广场设计生成：原貌

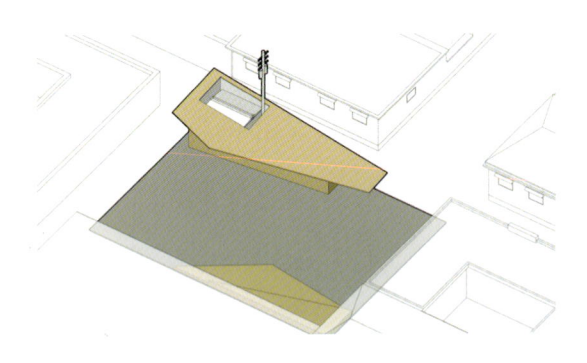

图 8-39 广场设计生成：空间提升

图 8-40 广场设计生成：细化建筑

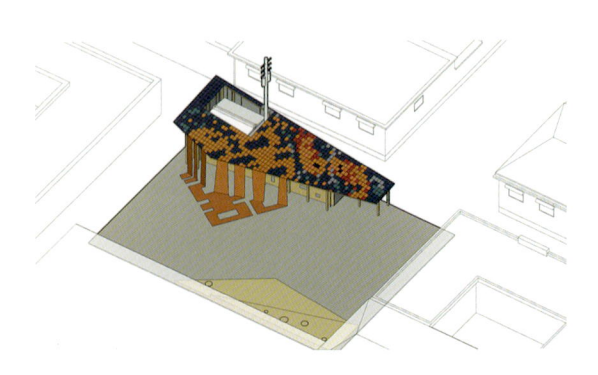

图 8-41 广场设计生成：美学叙事

地与道路间有一处变电站和一个杂货亭。建筑师将此处改造为村中的小广场，供村民日常休闲使用。（图 8-38 至图 8-41）

首先对场地硬化，使其更符合广场的功能；然后在广场一角增加布告栏，另一角增设了休息平台。广场和主街之间，增建一处便民服务点，用于接收快递和小卖部。场地中原有的变电站无法搬迁，建筑师将裸露的变电设施改为更安全的箱变，并包入建筑中，与便民服务点合二为一。

服务点建筑平面呈梯形，采用木结构和单坡顶，屋顶西南角高，东北角低。建筑师利用屋顶的釉面瓦和立面组合出"囍"和双鱼图案，代表村民对生活的美好愿望。（图 8-42、图 8-43）

【项目思政】

党的十八大明确提出，要把国家基础设施建设和社会事业发展重点放在农村，深入推进新农村建设和扶贫开发，推动城乡发展一体化。乡村风貌提升工作是巩固拓展脱贫攻坚成果同乡村振兴有效衔接的重要

图 8-42 "有囍有鱼"广场鸟瞰

图 8-43 "有囍有鱼"广场建筑

抓手。本项目以改革开放 40 年豫北民居活态博物馆作为核心主题，在保留村庄原有肌理、真实乡村景观和自发建造痕迹的基础上，以建筑、景观、公共艺术和叙事的方式加以串联、放大和诠释，将普通乡村变为民居变迁的一份活态标本，不失为设计领域的中国智慧。通过设计美学，反映了改革开放后人民对美好生活的自发追求，以及党和政府改善群众生活的实际行动。

【案例研究】

项目四　村镇人居环境绿地规划设计

一、项目简介

项目名称：乡愁设计——低成本回迁社区生态景观营造
项目地址：北京市丰台区长辛店镇辛庄村东北部
建筑面积：150000 m²
项目设计：中国建筑设计研究院有限公司
设计时间：2013—2015 年
竣工时间：2016 年

图 8-44 场地原貌

图 8-45 设计思路

项目背景：近年来，随着城市化进程加快，当地人民的生活方式发生改变，旧时自然安静的村落、愉悦惬意的乡村生活已不复存在，取而代之的是钢筋水泥林立、历史文脉缺失、邻里关系断裂、基础设施落后、安全隐患突出等。该项目的建设正是在这种背景下开展的。（图 8-44）

二、项目规划设计理念

1.5L 理念

设计师提出 5L 理念来延续并提升场地内的人文及自然优势，它们分别是：低维护、低成本、当地文化、就地取材、和场地记忆。通过这 5L 理念，该项目一方面希望能作为一个有力媒介，巧妙地将人与自然和人与人的关系再度紧密编织在一起；另一方面成为当地生态海绵设计的先行者。

2.乡土理念

"外师造化，中得心源，山川浑厚，草木华滋"——设计师运用现代景观设计手法，力图营造乡土意境，创造复合共生的"新山境"。以望山、依山、居山、乐山为设计主线贯穿全园，唤起居民对自然的向往、对场地的追忆、对聚居的渴望，唤回丢失已久的一抹乡愁（图 8-45）：

依山——尊重地形，由北而南，依山布置；

聚落——打造浅山聚落，构建不同尺度的竹廊，唤起场地记忆、重构邻里空间；

取景——设置不同"取景框"，将外围山景收于园内；

赏境——散点布局，驻足赏景，观山听水。

三、项目解析

项目地处北京西南五环外的长辛店老镇，丰台河西区北宫山脚下，属于浅山区地貌的"河西生态发展区"。该区域自然优势显著，历史悠久，文化底蕴深厚。近年来，随着城市化进程加快，当地人民的生活方式发生改变，旧时自然安静的村落、愉悦惬意的乡村生活已不复存在，取而代之的是钢筋水泥林立、历史文脉缺失、邻里关系断裂、基础设施落后、安全隐患突出等。（图8-46）

为了更加科学地提高场地利用率及其布局的合理性，设计师在对其风环境、光环境进行分析的基础上，结合当地气候特点和场地条件，优化景观功能布局。社区以板式为主，采用板塔结合的布局模式，有利于夏季通风及冬季形成较为宜人的温暖小环境。但南面建筑总面宽较大，加之地形南高北低，对从东南方向吹来的凉风有一定程度的遮挡。（图8-47、图8-48）

景观设计采用浅丘布置方式，既有利于在冬季形成相对温暖小环境，又有利于夏季在东西向风口偏高处纳凉，如图8-49的凉廊和水池景观。

基于北京地区夏季暴雨且常年地下水补给不足的情况，设计师利用低影响开发理念，将海绵城市的理念融入社区景观中，打造了北京最大的社区雨水花园（图8-50）。设计师利用雨水花园、下凹式绿地、生物滞留带、植被浅沟等方式减缓地表雨水下渗速度、控制径流污染、降低雨洪发生概率，实现可持续水循环，并利用雨水营造湿地花园、溪流叠水等景观。

项目地处北京西南五环外的长辛店老镇，丰台河西区北宫山脚下，属于浅山区地貌的"河西生态发展区"。该区域自然优势显著，历史悠久，文化底蕴深厚。利用本地植物和材料降低了建造和维护成本，居

图 8-46 项目区位

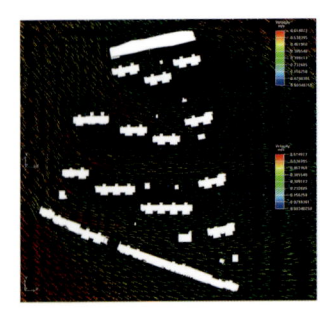

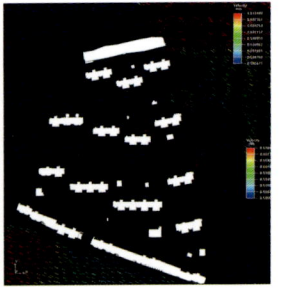

图 8-47 冬季（左）和夏季（右）风向

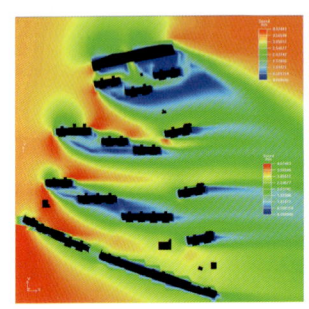

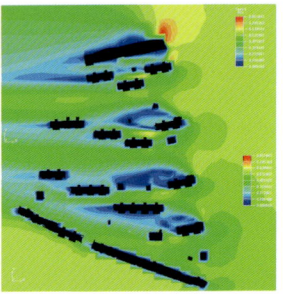

图 8-48 冬季（左）和夏季（右）风速

图 8-49 凉廊和水池景观

图 8-50 雨水花园

图 8-51 本地植物和材料降低了建造和维护成本

图 8-52 凉廊下的公共活动空间

民公共活动空间丰富，打造良好的村镇生态人居环境。（图 8-51、图 8-52）

【项目思政】

本项目的核心重点体现了新时代生态文明村镇社区建设，打造以人与自然、人与人、人与社会和谐共生，良性循环，全面发展，持续繁荣为基本宗旨的村镇形态，构建生态村镇人居环境绿地系统，提高了村镇人居环境品质。生态文明是人类文明发展的一个新的阶段，即工业文明之后的文明形态，在乡村风景园林绿地规划中，是人类遵循人、乡村风貌、城乡和谐发展这一客观规律而取得的物质与精神成果的总和。贯穿于村镇人居环境绿地经济建设、政治建设、文化建设、社会建设的全过程和各方面的绿地系统工程，反映了乡土社会的文明进步状态。

【案例研究】

项目五　乡村旅游景观绿地规划设计

一、项目简介

项目名称：武隆仙女山归原小镇

项目地址：重庆市武隆区

项目类别：乡村振兴

景观面积：约 0.675 km²

建设用地：约 0.07 km²

景观设计单位：纬图设计机构

建筑设计单位：深圳市承构建筑咨询有限公司 / 上海大橡建筑设计事务所

竣工时间：2020 年

摄影版权：金锋哲、鲁冰、张骑麟、纬图设计机构

项目背景：仙女山归原小镇，毗邻国家 5A 级景区—仙女山，规划约 2.13 km²，建设用地约 0.447 km² 集纳农业生产基地 + 高端民宿产业集群 + 全域旅居休闲于一体。总建筑面积约 0.45 km²，包含森林、草场、天坑、山峦、峭壁等地貌。同时，通过文创业、旅游业、农业、高端院墅等多业态的融合，呈现全方位体验式的休闲场景。

仙女山作为国家 5A 级旅游景区，背靠武隆世界自然遗产地，素有"东方瑞士""山城夏宫"之称。而仙女山归原小镇立足当地优质的旅游资源，一期建设主要依托于一个百年村庄——荆竹村（图 8-53），规划了民宿、文创、生态农业等六个板块，

图 8-53 荆竹村鸟瞰图

力图为古老村庄注入更多的活力，缔造记忆深处的美丽乡村生活。在世界自然遗产地，在尽可能少干预与尊重自然环境的前提下，带动村民共同发展乡村旅游，还原原乡风情。

二、项目规划设计理念

"田园 + 乐园 + 庄园"作为整体规划理念，打造一个集旅游景区 + 田园综合体 + 特色小镇 + 高端品质住宅 + 美丽乡村建设于一体的全新融合发展示范项目，是中国最具价值田园综合体品牌之一。（图 8-54）

1.田园

包含自然与田园景观、生态食物供给、农研自然教育、农业产销平台、农艺生活体验、旅游文创产业。归原首期业主将享受一块私家菜地分配与养护服务。

2.乐园

提供满足一家几代的各样娱乐体验，包括蔬果公社、文创聚落、森林学校、燕子乐园、野趣营地、奇幻天坑、沐心之谷 7 个板块 30 多种体验项目。

3.庄园

建设高端品质住宅产品，配套社区服务中心、亲子研学中心、文化艺术中心、体育运动中心、邻里活动中心、休闲商业街、中心广场等。

三、项目解析

设计方将当地特色的原生地质景观进行改造设计，具体包括已开垦的农田果林，以此作为场地规划遵循的框架，梳理出值得保留的生活场景和文化印记，让村庄重新生发活力，具体包括保护—修复—改造—新建三个方面规划设计策略。

1.保护

设计方对当地特色的地形地貌及植被进行了最大程度的保留，引入了一些景观设施：如村庄原有一个很深的小天坑，坑外一面是峭壁，一面是绵延的松林坡地。设计仅设置了穿越松林的临崖小径和深入坑底的蜿蜒坡道，保留了深坑和悬崖千万年的原始形貌（图 8-55）。在另一处郁郁葱葱的松林中，也仅设

图 8-54 小镇总平面图

图 8-55 原有村庄结构的最大保留

图 8-56 独立的村庄建筑与周边的环境

计了一座质朴的亭子，让人可以在群山环抱中安静享受自然。（图 8-56）

2.修复

为了修复被烟叶种植和大量化肥污染的土壤，设计团队种植了大片花田并与台湾一家有机农业组织合作，根据土壤特性重新选择了匹配的农作物：油菜花、格桑花等。村庄将通过轮种这些适宜当地环境的作物以改良土壤酸碱性和密度，复育土地，使其达到有机认证的标准，还原最健康的田园状态。（图 8-57）

为了减少坡地的水土流失，设计梳理了山丘、林地、沟谷的径流流线，用原来裸露的岩石顺势摆放形成导流，让雨水可以自由而有序地汇集。这些优化过的河床在雨季形成溪流，在旱季则是攀爬嬉戏的天然场地。积蓄收集的水源既可做水景观，也可做灌溉。

3.改造

为了赋予老旧建筑，尤其是村公所、祠堂等公共建筑等更完备的新功能，设计师对部分宅院进行了改造。其中，小镇接待处的前身就是一座百年老房。设计在保留原有建筑结构的基础上，修复了石墙、灰瓦、木窗等传统建筑材料，并在其旁新建了以夯土、玻璃、钢构为材料的现代空间，形成新老材料的对话，以此唤醒时空记忆，保留原有文化价值。（图8-58、图8-59）

此外，设计师还对村公所和老茶馆的原有建筑进行了加固修缮及内部功能的更新，以展现乡创社群的新生活方式。作为小镇标志节点之一的天空餐厅也是由一座天坑旁的老宅改造而成。设计用毛石还原院落，并在缓坡边架起一片木质平台，将人的行为延伸到了崖边。

位于天坑旁的天空餐厅，设计用毛石还原院落，并在缓坡边架起一片木质平台，将人的行为延伸到了崖边，其餐厅的整体设计也是与周边的景色相得益彰。（图8-60）

图8-57 花海

图8-58 改造后的小镇中心接待处

图8-59 新老建筑材料行程对比

图8-60 天空餐厅

设计方在尊重原有建筑之上，对村公社和老茶馆的原有建筑进行了加固修缮及内部功能的更新，以展现乡创社群的新生活方式。作为村庄里的公共构筑物茶亭，运用当地竹材与当地竹艺非遗传承人共同合作建造而成，以及改造设计的书吧，其书吧两翼展开有27 m长，布置为半开放的交流区供给人使用。（图8-61至图8-64）

此项目建成之后引来一大批游客，已使当地外出务工人员陆续回到小镇就业，旅游项目和农业产品也开始创收。随着游客络绎不绝地到来，古老的村落正在不断焕发出新的生机。（图8-65、图8-66）

图8-61 村公社

图8-62 茶亭

图8-63 书吧环境

图8-64 公共构筑物书吧

图8-65 村庄周边景色

图8-66 小镇中心夜景图

【项目思政】

本项目基于小镇原有的生态本底。文化基底和村民的居住、生活方式，叠加土地复育、有机农业、文化体验、休闲度假等新要素，展开一幅多维度的景观画卷，吸引新乡村主义者入住，与原住民和谐共融，促进当地产业升级、增收，带动乡村产业活化、生态活化、文化活化，形成新的社会文明生态，促进永续发展。

2022年中央一号文件《中共中央 国务院关于做好2022年全面推进乡村振兴重点工作的意见》出台，提出了多元、融合、生态的乡村文旅产业方向，理性、高效和尊重乡土的乡村文旅建设。未来的乡村文旅项目应紧紧围绕新时代文明实践，弘扬和践行社会主义核心价值观，在对优秀乡土文化的传承和发扬中获取源源不断的生命力。

【案例研究】

项目六　传统村落绿地规划设计

一、项目简介

项目名称：福建最美园林古村——四坪村规划更新设计

项目地址：福建省宁德市屏南县熙岭乡

设计时间：2017—2018年

项目面积：3 km²

项目背景：四坪村位于九峰山下，距离县城40千米。村庄平均海拔800 m，森林茂盛，气候舒适，是人与自然生命共同体有机融合的理想区域。四坪村历史悠久，潘氏于后晋天福四年（公元939年）至古田（今古田屏南境内）辗转多地，明永乐年间迁居现址，至今600余年。

四坪村为龙潭片区的一个组成部分，目前已完成了公路沿线雨廊建设、立面改造及部分老宅改造（图8-67、图8-68）。通过环境整治和修复改造，村容村貌焕然一新，目前已有10多户文创移民入住。

四坪村先后荣获第六批"福建省历史文化名村"、

图8-67 公路沿线雨廊

图8-68 四坪村更新后的宗祠

第三批"福建省传统村落"称号，被福建省建筑设计研究院首席总建筑师黄汉民称之为"建最美园林古村"。

二、项目规划设计理念

整个古村落更新的原则为古村新生，充分利用场地要素，让要素流回来，让要素用起来，让要素活起来。2020年11月，屏南乡村振兴研究院入驻四坪村。屏南乡村振兴研究院策划并开展各类活动，吸引了全国二十余个省份，以及众多行业与高校参与。村庄更新后的设计理念具体为：

主设计方将七巧板、蓝天、山林、水，以及传统建筑的黄墙、毛石灰瓦作为设计主要要素，分别对应着不同的颜色，共同拼成环境优美的四坪村"山水林田湖草"的生命共同体。

设计 LOGO 中间一道灰色代表了四坪村特色弓背墙，也是村内外互通交流的道路，寓意着为古村注入活力。图形合起来看是山的形态，代表四坪村是山里人家。各个部分可进一步自由发挥丰富内涵注入多种四坪元素，如日出、云海、柿子树、水、田、建筑、弓背墙等，整个设计简洁而富有深意。（图 8-69）

图 8-69 村庄更新后的 LOGO 设计

三、项目解析

四坪村在 2017 年前还是一个半荒废的古村，大多数房屋破败，村庄内景观也无美感可言（图 8-70），直到 2017 年后，结合国家一系列政策，村政府联动一系列组织将村庄进行重新规划设计得以让古村落复活，呈现出一派生机。村庄复活具体体现在以下几个方面：

1. 自然空间资源的更新

四坪村本身所处的地理环境造就了其得天独厚的自然资源，主设计方充分利用自然资源：

（1）兴修雨廊，利用雨廊的空间作为农副产品售卖及多种功能集合的公共空间。

（2）引水成瀑，开凿溪道，将村庄周围的水系引入村庄，设计了一个瀑布水景，为整个村庄的活化作了点睛之笔，同时也引进新村民入驻。（图 8-71）

（3）同时利用地理位置的优势，挖掘星空资源，打造出星空营地和国内第一所村庄星空博物馆，以此将旧村换新颜。该村获得了全国首个"暗夜保护村"和"福建最美园林式古村"的称号，并联合福建省天文学会共建全国首个"乡村天文馆"，打造天文科普研学旅游基地，极大改变了村容村貌。

2. 历史人文资源的更新

四坪村申请屏南县四坪村平讲戏传习所，新老村

图 8-70 村庄 2017 年前场地原貌

图 8-71 引水成瀑

民共学共唱被尘封 40 余年的"半讲戏",传承并创新国家级非物质文化遗产。将村庄原有的戏台进行修复,重新恢复戏台空间作公共空间使用,内部并置有健身器械。(图 8-72、图 8-73)

3.古建筑的更新

整个村庄的古建筑更新秉性机制创新:老屋流转机制、老屋修缮机制、项目管理机制更新和复苏活力业态。项目管理机制具体为:试行"工料法"管理模式、允许村级自行购料、聘请工匠、组织施工、全程监督。以此来提高工程效率,节约工程成本。(图 8-74)

4.三创更新:农创更新

四坪村与北京小毛驴市民农园共建小毛驴四坪农园,构建 CSA 社区支持农业模式的生态农业系统,并与城乡融合、三产融合结合,推动"粮食安全屏南行动",形成一条"产学研"的生态乡村发展之路。(图 8-75)

同时村庄推进"三变"改革,具体表现为:

(1)以生态资源价值实现作为"资源变资产"的出发点。

(2)以盘活沉淀资本和涉农资金作为"资金变股金"的资本杠杆。

(3)以"党支部 + 村经合社 + 专业合作社"改革和集体成员多元化股权 作为"村民变股东"的制度创新。

图 8-72 平讲戏

图 8-73 村庄内戏台

图 8-74 传统工料法在村庄建筑修复中应用

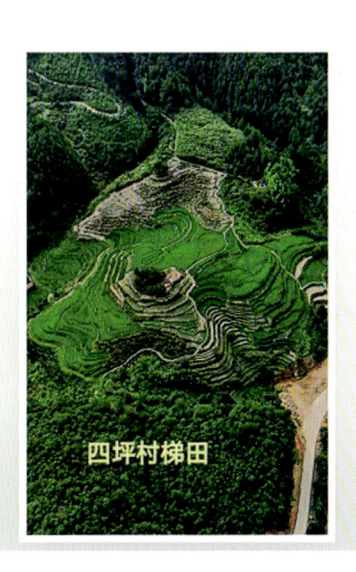

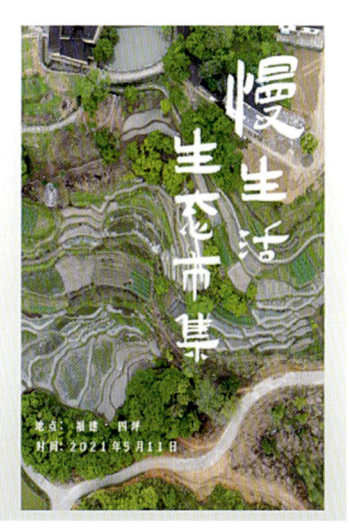

图 8-75 "产学研"的生态乡村发展之路

（4）治理创新：让"客人"变"主人"打造城乡融合时代的新型乡村社区。

通过环境整治和修复改造，村容村貌焕然一新，被福建省建筑设计研究院首席总建筑师黄汉民称之为"福建最美园林古村"。目前已有10多户文创移民入住。四坪村每月第一个周末举办古村文创集市成为了一道亮丽风景线，吸引了众多周边文创企业、工作室和游客参与。

【项目思政】

传统村落传承着中华民族的历史记忆、生产生活智慧、文化艺术结晶和民族地域特色，维系着中华文明的根，寄托着中华各族儿女的乡愁。但近期以来，传统村落遭到破坏的状况日益严峻，加强传统村落保护迫在眉睫。为贯彻落实党中央、国务院关于保护和弘扬优秀传统文化的精神，加大传统村落保护力度，国家印发了《关于切实加强中国传统村落保护的指导意见》。本项目提出打造"屏南800"生态品牌。古村落是一种独特的不可再生的历史文化资源，四坪村不失为在乡村振兴背景下一个传统古村落活化的优秀样本。

【实践探索】

基于"美丽乡村"的绿地规划设计案例探索

一、任务提出

以乡村振兴为根本出发点，通过相关案例分析探索中国乡村的本地化发展，从设计师的视角思考如何推动美丽乡村的内涵式发展。

二、任务分析

乡土社会是一个活体，是人地关系和营造法则的共同作用，才促成了其灵活而自由的聚落机理。考虑传统乡村的生长机制，并非城市设计的思维。在中国美丽乡村建设中，应激活足下地域，恪守乡土中国最本质的农耕文明、中华传统文化，孕育大国"三农"情怀。

三、任务实践

对项目进行案例分析，完成PPT制作汇报，掌握如下分析要点：

1. 了解项目中乡村的传统习俗、人文故事、地域特色等。
2. 分析乡村设计案例中的设计思想。
3. 概括乡村设计案例中设计内容。
4. 归纳乡村设计案例中所用的设计手法。
5. 提炼乡村设计案例中的亮点、创新点。
6. 提出自己的见解。

四、任务评价

1. 案例分析内容完整，语言表达流利，描述准确。
2. 设计思想分析价值取向正确，对案例有独特的见解，形成自己的观点。
3. 同类案例进行对比研究，参考文献丰富，有乡村调研过程。
4. 从乡村的故事里挖掘出中华传统文化、"三农"精神。
5. 要有创造思维、辩证思维。

【知识拓展】

云南景迈山古茶林

景迈山古茶园是世界上保存最完好、年代最久远、面积最大的人工栽培型古茶园，被国内外专家学者誉为"茶树自然博物馆"，是茶叶生产规模化、产业化的发祥地，是世界茶文化的根和源，被联合国教科文国际民间艺术组织、中国民间文艺家协会组成的中国民间文化遗产旅游示范区评审委员会评为"中国民间文化旅游遗产示范区"。人类与古茶树间的亲和故事在千百年的口口相传中渐渐被演绎为神话，凝聚了众多民族的共同记忆。"山林与共、茶村相绕"的景观格局承载着千年的悠久历史和人与自然的文明。设计团队遵照世界遗产保护管理要求，同时考虑原住民社区的发展诉求。规划中将古村落视为有机整体，保护景观要素，传承民族信仰和文化传统。设计分工统筹协调、有机融合，制订具有针对性的保护策略。

参考文献

[1] 胡长龙. 园林规划设计[M]. 北京：中国农业出版社，2016.

[2] 刘滨谊. 现代景观规划设计[M]. 南京：东南大学出版社，2010.

[3] 杨赉丽. 城市园林绿地规划[M]. 北京：中国林业出版社，2006.

[4] 马建武. 园林绿地规划 第2版[M]. 北京：中国建筑工业出版社，2021.

[5] 田建林，张致民. 城市绿地规划设计[M]. 北京：中国建材工业出版社，2009.

[6] 肖笃宁，李秀珍，高峻，等. 景观生态学（第2版）[M]. 北京：科学出版社，2010.

[7] 岳邦瑞，等. 图解景观生态规划设计原理[M]. 北京：中国建筑工业出版社，2017.

[8] 刘福智. 园林景观规划与设计[M]. 北京：机械工业出版社，2007.

[9] 曹磊，杨冬冬. 风景园林规划设计原理[M]. 北京：中国建筑工业出版社，2021.

[10] 韦爽真. 景观场地规划设计[M]. 重庆：西南师范大学出版社，2008.

[11] 张伶伶，孟浩. 场地设计[M]. 北京：中国建筑工业出版社，2010.

[12] 杨瑞卿，陈宇. 城市绿地系统规划[M]. 重庆：重庆大学出版社，2022.

[13] 张福勇，江剑英，俞斌，等. 城市街道规划设计管控手册[M]. 北京：中国建筑工业出版社，2021.

[14] 骆中钊，戴俭，张磊，张惠芳. 新型城镇·特色风貌[M]. 北京：中国林业出版社，2020.

[15] 赵宇. 城市广场与街道景观设计[M]. 重庆：西南师范大学出版社，2011.

[16] 欧阳丽萍，谢金之. 城市广场设计[M]. 武汉：华中科技大学出版社，2018.

[17] 齐慧峰，王林申，朱铎，等.《城市居住区规划设计标准》图解[M]. 北京：机械工业出版社，2021.

[18] 汪辉，吕康芝. 居住区景观规划设计[M]. 南京：江苏科学技术出版社，2014.

[19] 张燕. 居住区规划设计[M]. 北京：北京大学出版社，2019.

[20] 赵景伟，代朋，陈敏，等. 居住区规划设计[M]. 武汉：华中科技大学出版社，2023.

[21] 葛学朋，陈韦如. 居住区景观规划设计[M]. 南京：江苏人民出版社，2012.

[22] 朱倩怡. 居住区规划设计[M]. 北京：中国建筑工业出版社，2019.

[23] 胡纹. 居住区规划原理与设计方法[M]. 北京：中国建筑工业出版社，2007.

[24] 吴正旺，吴彦强，王岩慧. 城市居住区生态设计[M]. 北京：中国建筑工业出版社，2021.

[25] 蒋桂香，李珂，孟瑾. 机关单位园林绿地设计[M]. 北京：中国林业出版社，2002.

[26] 杨守国. 工矿企业园林绿地设计[M]. 北京：中国林业出版社，2001.

[27] 刘丽和. 校园园林绿地设计[M]. 北京：中国林业出版社，2001.

[28] 王先杰，梁红. 城市公园规划设计[M]. 北京：化学工业出版社，2021.

[29] 陈强，李涛. 公园城市：城市公园景观设计与改造[M]. 北京：化学工业出版社，2022.

[30] 李敏. 社区公园规划设计与建设管理：以深圳、香港和新加坡为例[[M]. 北京：中国建筑工业出版社，2011.

[31] 朱彦鹏，付梦娣，李俊生，等. 国家公园规划研究与实践 [M]. 北京：中国环境出版集团，2020.

[32] 陈永贵，张景群. 风景旅游区规划 [M]. 北京：中国林业出版社，2010.

[33] 苏雪痕. 植物景观规划设计 [M]. 北京：中国林业出版社，2012.

[34] 胡长龙，戴洪，胡桂林. 园林植物景观规划与设计 [M]. 北京：机械工业出版社，2016.

[35] 蔡文明，武静. 园林植物与植物造景 [M]. 南京：江苏凤凰美术出版社，2014.

[36] 钟涨宝. 农村社会学 [M]. 北京：高等教育出版社，2010.

[37] 张平弟. 乡村振兴与规划应用 [M]. 北京：中国建筑工业出版社，2020.

[38] 付军，蒋林树. 乡村景观规划设计 [M]. 北京：中国农业出版社，2008.

[39] 张慧芳，杨玲，戴俭，等. 新型城镇·乡村公园 [M]. 北京：中国林业出版社，2020.

[40] 叶梁梁. 新农村规划设计 [M]. 北京：中国铁道出版社，2012.

[41] 赵兵. 农村美化设计：新农村绿化理论与实践 [M]. 北京：中国林业出版社，2011.

[42] 付军，张维妮. 风景园林规划设计实训指导书 [M]. 北京：化学工业出版社，2021.

[43] 石晶晶，黄冬冬，陈璐. 景观设计实训 [M]. 石家庄：河北美术出版社，2022.

[44] 葛红艳. 城市街道绿化若干问题探讨 [J]. 宁夏农林科技，2013（2）:43-44.

[45] 过萍艳，蒋文伟，吕渊. 浙江省慈溪市宗汉街道城镇绿地生态网络构建 [J]. 浙江农林大学学报，2014，31（1）:64-71.

[46] 薛晓芳. 艺术乡建的屏南模式研究 [J]. 时代农机，2018（7）：16-17.

[47] 余压芳，庞梦来，张桦. 我国传统村落文化空间研究综述 [J]. 贵州民族研究，2019，40(12)：74-78.

[48] 陈莹. 福建省传统村落文化的心理传承 [J]. 文化学刊，2017（9）：16-18.

[49] 杨昊. 乡村振兴背景下村庄绿化景观设计研究 [D]. 合肥：安徽农业大学，2020.

[50] 卢雯韬. 重庆主城区新型农村社区植物景观综合评价及其优化 [D]. 重庆：西南大学，2020.

[51] 范宁. 苏南新农村乡村聚落绿化模式研究 [D]. 南京：南京林业大学，2009.

[52] 程尧凡. 全域旅游视角下屏南县文化旅游开发研究 [D]. 福州：福建师范大学，2017.

[53] 吉永闫，晓龙牛. 乡村园林景观规划在新农村建设中的应用研究 [J]. 工程管理，2022，3（9）:238-240.